普通高等教育"十三五"规划教材

U0745590

有机化学实验

主　编　伍平凡　蔡定建

副主编　陈荷莲　刘　畅　肖滋成　宋少飞

　　　　戴学新　阳　丽　刘昆明　罗序燕

参　编　刘晋彪　李金辉　毛建刚　张彩霞

　　　　谭育慧　许宝泉　王　微　戎　敢

　　　　柴小川　刘康莲　田　婧　魏代静

华中科技大学出版社

中国·武汉

内 容 提 要

本书分为 6 章,第 1 章为有机化学实验安全知识,第 2 章为有机化学实验的基本知识,第 3 章为有机化学实验技术及基本操作实验,第 4 章为有机化合物性质实验,第 5 章为合成实验,第 6 章为天然产物的提取。

本书可作为工科院校化工类、生物类、环境类、材料类、工矿类、冶金类等专业的有机化学实验教材,也可供高等师范院校相关专业的学生及教师使用。

图书在版编目(CIP)数据

有机化学实验/伍平凡,蔡定建主编 . —武汉:华中科技大学出版社,2018.8(2025.7 重印)
普通高等教育"十三五"规划教材
ISBN 978-7-5680-4557-5

Ⅰ.①有… Ⅱ.①伍… ②蔡… Ⅲ.①有机化学-化学实验-高等学校-教材 Ⅳ.①O62-33

中国版本图书馆 CIP 数据核字(2018)第 196746 号

有机化学实验
Youji Huaxue Shiyan

伍平凡　蔡定建　主编

策划编辑:王新华
责任编辑:王新华
封面设计:原色设计
责任校对:曾　婷
责任监印:周治超
出版发行:华中科技大学出版社(中国·武汉)　　电话:(027)81321913
　　　　　武汉市东湖新技术开发区华工科技园　　邮编:430223
录　　排:武汉正风天下文化发展有限公司
印　　刷:武汉市洪林印务有限公司
开　　本:710mm×1000mm　1/16
印　　张:12.5
字　　数:264 千字
版　　次:2025 年 7 月第 1 版第 4 次印刷
定　　价:28.00 元

前　　言

　　有机化学实验课程旨在训练和培养学生的科学素质和思维能力以及创新精神，它是有机化学理论课的延续和提高。"十三五"时期是我国高等教育加快发展，开创未来的机遇期。党中央提出了"创新、协调、绿色、开放、共享"的发展理念，大力推进"四个全面"的布局。在国家"优先发展教育"的战略指引下，我国高等教育进入全面深化改革的新时期。本书正是在这种背景下诞生的，我们以几所工科院校、师范院校的有机化学教学团队为依托，参考近年来国内外出版的同类教材，并充分考虑了当前我国普通高等院校基础课程教学现状和不同学科专业对有机化学实验的不同要求，编写了这本《有机化学实验》。本书主要面向化学工程、环境工程、制药工程、材料工程、工矿、冶金和生物制药等学科的本科生，有较宽的选择面，不同专业学生可根据需要选择自己所侧重的内容。

　　本书共分 6 章，按由浅入深、由易到难，从一般知识、基本操作到综合性技术和技能的顺序进行编排。其中第 1 章强调实验室的安全问题，培养学生的安全意识，使学生遵守实验室安全条例，在实验前做好防护措施，掌握事故发生时的应急处理方法。第 2 章有机化学实验的基本知识和第 3 章有机化学实验技术及基本操作实验，主要是为了让学生理解和掌握有机化学实验常用的仪器装置及技术手段的相关知识，以及培养学生基本的实验操作技能。第 4 章有机化合物性质实验主要是为了配合工科院校和师范院校的有机化学理论课程教学，内容上注重与有机化学理论课程的联系与结合，注重基础知识的巩固。第 5 章合成实验精选了具有代表性的 31 个典型合成实验，训练学生的基本合成能力，同时贯穿"绿色、环保、低毒、创新"的思想。第 6 章天然产物的提取主要通过对典型天然产物的提取，训练学生综合应用各种有机化合物分离手段的能力。

　　本书由伍平凡、蔡定建主编，参加本书编写的有：湖北工业大学伍平凡、刘畅、肖滋成，江西理工大学蔡定建、刘昆明、罗序燕、刘晋彪、李金辉、毛建刚、张彩霞、谭育慧、许宝泉、王微、戎敢，江汉大学陈荷莲，运城学院宋少飞、柴小川，黔南民族师范学院戴学新、刘康莲，宜宾学院阳丽、田婧、魏代静。

　　鉴于我们的水平和编写时间均有限，书中不足之处在所难免，诚挚欢迎使用本书的各院校同行和读者提出宝贵的批评意见。

编　者

目　　录

第1章 有机化学实验安全知识

有机化学是一门以实验为基础的学科,有机化学实验是有机化学教学的重要组成部分,学习有机化学必须认真做好有机化学实验。有机化学实验教学的目的和任务是:使学生掌握有机化学实验的基本操作技术,培养学生以小量规模正确地进行制备实验和性质实验、分离和鉴定产品的能力;培养学生撰写合格的实验报告的能力,以及初步查阅文献的能力;培养学生分析问题和解决问题的能力、良好的实验工作作风和工作习惯,以及严谨和实事求是的科学态度。

1.1 有机化学实验室规则

为了保证有机化学实验课正常、有效、安全地进行,培养良好的实验工作作风,并保证实验课的教学质量,学生必须遵守有机化学实验室的下列规则:

（1）遵守实验室的各项规章制度,听从教师的指导。

（2）每次做实验前,认真预习有关实验的内容及相关的参考资料。了解每一步操作的目的、意义,实验中的关键步骤及难点,以及所用药品的性质和应注意的安全问题,熟悉实验流程、步骤,提前查阅好试剂的物理常数,并写好实验预习报告,没有达到预习要求者,不得进行实验。

（3）实验中严格按操作规程操作,如要改变,必须经指导老师同意。实验中要认真、仔细观察实验现象,如实做好记录,积极思考。实验完成后,由指导老师登记实验结果,并将产品回收统一处理。按时写出符合要求的实验报告。

（4）在实验过程中,不得大声喧哗、打闹,不得擅自离开实验室。不能穿拖鞋、背心等暴露过多的服装进入实验室,实验室内不能吸烟和进食。

（5）应经常保持实验室的整洁,做到仪器、桌面、地面和水槽"四净"。实验装置要规范、美观。固体废弃物及废液应倒入指定地方,实验过程中用到的溶剂应注意回收。

（6）要爱护公物。公用仪器和药品应在指定地点使用,用完后及时放回原处,并保持台面整洁。节约使用药品,药品取完后,及时将盖子盖好,严格防止药品的相互污染。仪器如有损坏,要登记申请补发,并按制度赔偿。

（7）实验结束后,将个人实验台面打扫干净,清洗、整理仪器。学生轮流值日,值日生负责整理公用仪器、药品和器材,打扫实验室卫生,离开实验室前应检查水、电、气是否关闭。

1.2　有机化学实验室的安全知识

由于有机化学实验所用的药品多数是有毒、可燃、有腐蚀性或有爆炸性的,所用的仪器大部分是玻璃制品,因此,在有机化学实验室中工作,若粗心大意,就容易发生事故,如割伤、烧伤,乃至火灾、中毒或爆炸等。我们必须认识到化学实验室是有潜在危险的场所。然而,只要我们经常重视安全问题,提高警惕,实验时严格遵守操作规程,加强安全措施,事故是可以避免的。下面介绍有机化学实验室安全守则和有机化学实验室事故的预防和处理。

1.2.1　有机化学实验室安全守则

(1) 实验开始前应检查仪器是否完整无损,装置是否正确,在征得指导教师同意之后,才可进行实验。

(2) 实验进行时,不得擅自离开岗位,要注意反应进行的情况和装置有无漏气和破裂等现象。

(3) 当进行有可能发生危险的实验时,要根据实验情况采取必要的安全措施,如戴防护眼镜、面罩或橡皮手套等,但不能戴隐形眼镜。

(4) 使用易燃、易爆药品时,应远离火源。实验试剂不得入口。严禁在实验室内吸烟或进食。实验结束后要细心洗手。

(5) 熟悉安全用具如灭火器材、沙箱以及急救药箱的放置地点和使用方法,并妥善爱护。安全用具和急救药品不准移作他用。

1.2.2　实验室事故的预防

1. 火灾的预防

实验室中使用的有机溶剂大多数是易燃的,着火是有机化学实验室常见的事故之一,应尽可能避免使用明火。

防火的基本原则如下。

(1) 在操作易燃的溶剂时要特别注意以下几点:

① 应远离火源。

② 勿将易燃液体放在敞口容器中(如烧杯)直火加热。

③ 加热必须在水浴中进行,切勿使容器密闭。否则,会造成爆炸。当附近有露置的易燃溶剂时,切勿点火。

(2) 在进行易燃物质实验时,应养成先将酒精一类易燃的物质搬开的习惯。

(3) 蒸馏装置不能漏气,如发现漏气,应立即停止加热,检查原因。若因塞子被腐蚀,则待冷却后,才能换掉塞子。接收瓶不宜使用敞口容器如广口瓶、烧杯等,而应用窄口容器如锥形瓶等。从蒸馏装置接收瓶排出来的尾气的出口应远离火源,最好用橡皮管引入下水道或引至室外。

(4) 回流或蒸馏低沸点易燃液体时应注意以下几点:

① 应放数粒沸石、素烧瓷片或磁石,以防止暴沸。当在加热后才发现未放这类物质时,绝不能急躁,不能立即揭开瓶塞补放,而应停止加热,待被蒸馏的液体冷却后才能加入。否则,会因暴沸而发生事故。

② 严禁直接加热。

③ 瓶内液体量不能超过瓶容积的 2/3。

④ 加热速度宜慢,不能快,避免局部过热。

总之,回流或蒸馏低沸点易燃液体时,一定要谨慎行事,不能粗心大意。

(5) 用油浴加热蒸馏或回流时,必须十分注意避免由于冷凝用水溅入热油浴中致使油外溅到热源上而引起火灾的危险。通常发生危险的原因,主要是橡皮管套进冷凝管侧管时不紧密,打开水阀时过快,水流过猛把橡皮管冲出来,或者由于套不紧漏水。因此,要求橡皮管套入冷凝管侧管时要紧密,打开水阀时动作要慢,使水流慢慢进入冷凝管内。

(6) 当处理大量的可燃性液体时,应在通风橱中或在指定地方进行,室内应无火源。

(7) 不得把燃着或者带有火星的火柴梗或纸条等乱抛乱掷,也不得丢入废物缸中。否则,会产生危险。

2. 爆炸的预防

在有机化学实验里,预防爆炸的一般措施如下:

(1) 蒸馏装置必须正确,不能造成密闭体系,应使装置与大气相连通;减压蒸馏时,不能用平底烧瓶、锥形瓶、薄壁试管等不耐压容器作为接收瓶或反应瓶,否则,易发生爆炸,而应选用圆底烧瓶作为接收瓶或反应瓶。无论是常压蒸馏还是减压蒸馏,均不能将液体蒸干,以免局部过热或产生过氧化物而发生爆炸。

(2) 切勿使易燃易爆的气体接近火源,有机溶剂如醚类和汽油一类物质的蒸气与空气相混时极为危险,可能由一个热的表面或者一个火花、电花而引起爆炸。

(3) 使用乙醚等醚类时,必须检查有无过氧化物存在。如果发现有过氧化物存在,应立即用硫酸亚铁除去过氧化物,才能使用。除去乙醚中过氧化物的方法详见附录 E。另外,使用乙醚时应在通风橱内或在其他通风较好的地方进行。

(4) 对于易爆炸的固体,如重金属乙炔化物、苦味酸金属盐、三硝基甲苯等,都不能重压或撞击,以免引起爆炸。对于这些危险的残渣,必须小心销毁。例如,重金属乙炔化物可用浓盐酸或浓硝酸使其分解,重氮化合物可加水煮沸使其分解等。

(5) 卤代烷勿与金属钠接触,因反应剧烈易发生爆炸。钠屑必须放在指定的地方。

3．中毒的预防

大多数化学药品都具有一定的毒性。中毒主要是通过呼吸道和皮肤接触有毒物品而对人体造成危害。因此，预防中毒应做到以下几点：

（1）称量药品时应使用工具，不得直接用手接触，尤其是毒品。做完实验后，应洗手后再吃东西。任何药品不能用嘴尝。

（2）剧毒药品应妥善保管，不许乱放。实验中所用的剧毒物质应由专人负责收发，并向使用毒物者提出必须遵守的操作规程。实验后的有毒残渣必须作妥善而有效的处理，不准乱丢。

（3）有些剧毒物质会渗入皮肤，因此，接触这些物质时必须戴橡皮手套，操作后应立即洗手，切勿让毒品沾及五官或伤口。例如，氰化钠沾及伤口后就会随血液循环至全身，严重时会造成中毒伤亡事故。

（4）在反应过程中可能生成有毒或有腐蚀性气体的实验应在通风橱内进行，使用后的器皿应及时清洗。在使用通风橱过程中，实验开始后不要把头部伸入橱内。

4．触电的预防

使用电器时，应防止人体与电器导电部分直接接触，不能用湿手或用手握湿的物体接触电插头。为了防止触电，装置和设备的金属外壳等都应连接地线。实验后应先切断电源，再将连接电源的插头拔下。

1.2.3　事故的处理和急救

1．火灾的处理

实验室一旦发生失火，室内全体人员应积极而有秩序地参加灭火，一般采用以下措施：一是防止火势扩展。立即关闭煤气灯，熄灭其他火源，拉开室内总电闸，搬开易燃物质。二是立即灭火。有机化学实验室灭火，常采用使燃着的物质隔绝空气的办法，通常不能用水，否则，反而会引起更大火灾。在失火初期，不能用口吹，必须使用灭火器、沙、毛毡等。若火势小，可用数层湿布把着火的仪器包裹起来。如在小器皿内着火（如烧杯或烧瓶内），可盖上石棉板或瓷片等，使之隔绝空气而灭火，绝不能用口吹。

如果油类着火，要用沙或灭火器灭火，也可撒上干燥的碳酸氢钠粉末。

如果电器着火，首先应切断电源，然后才用二氧化碳灭火器或四氯化碳灭火器灭火（注意：四氯化碳蒸气有毒，在空气不流通的地方使用有危险），因为这些灭火剂不导电，不会使人触电。绝不能用水和泡沫灭火器灭火，因为水能导电，会使人触电甚至死亡。

如果衣服着火，切勿奔跑，而应立即往地上打滚，邻近人员可用毛毡或棉胎一类东西盖在其身上，使之隔绝空气而灭火。

总之，当失火时，应根据起火的原因和火场周围的情况，采取不同的方法灭火。

无论使用哪一种灭火器材,都应从火的四周开始向中心扑灭,把灭火器的喷出口对准火焰的底部。在抢救过程中切勿犹豫。

2.玻璃割伤

玻璃割伤是常见的事故,受伤后要仔细观察伤口有没有玻璃碎粒,如有,应先把伤口处的玻璃碎粒取出。若伤势不重,先进行简单的急救处理,如涂上万花油,再用纱布包扎;若伤口严重、流血不止,可在伤口上部约 10 cm 处用纱布扎紧,减慢流血,压迫止血,并随即到医院就诊。

3.药品的灼伤

皮肤接触了腐蚀性物质后可能被灼伤。为避免灼伤,在接触这些物质时,最好戴橡皮手套和防护眼镜。发生灼伤时应按下列要求处理。

(1)酸灼伤。

① 皮肤上:立即用大量水冲洗,然后用 5％碳酸氢钠溶液洗涤,涂上烫伤油膏,并将伤口扎好。

② 眼睛上:抹去溅在眼睛外面的酸,立即用水冲洗,用洗眼杯或将橡皮管套上水龙头用慢水对准眼睛冲洗后,立即到医院就诊,或者再用稀碳酸氢钠溶液洗涤,最后滴入少许蓖麻油。

③ 衣服上:依次用水、稀氨水和水冲洗。

④ 地板上:撒上石灰粉,再用水冲洗。

(2)碱灼伤。

① 皮肤上:先用水冲洗,然后用饱和硼酸溶液或 1％醋酸溶液洗涤,再涂上烫伤油膏,并包扎好。

② 眼睛上:抹去溅在眼睛外面的碱,用水冲洗,再用饱和硼酸溶液洗涤后,滴入蓖麻油。

③ 衣服上:先用水洗,然后用 10％醋酸溶液洗涤,再用稀氨水中和多余的醋酸,后用水冲洗。

(3)溴灼伤。

如溴弄到皮肤上,应立即用水冲洗,涂上甘油,敷上烫伤油膏,将伤处包好。当眼睛受到溴的蒸气刺激,暂时不能睁开时,可对着盛有酒精的瓶口注视片刻。

上述各种急救法,仅为暂时减轻疼痛的措施。若伤势较重,在急救之后,应速送医院诊治。

4.烫伤

轻伤者涂以玉树油或烫伤油膏,重伤者涂以烫伤油膏后即送医务室诊治。

5.中毒

溅入口中而尚未咽下的毒物应立即吐出来,用大量水冲洗口腔;如已吞下,应根据毒物的性质服解毒剂,并立即送医院急救。

(1)腐蚀性毒物:对于强酸,先饮大量的水,再服氢氧化铝膏、鸡蛋白;对于强碱,也要先饮大量的水,然后服用醋、酸果汁、鸡蛋白。不论酸或碱中毒都需灌注牛奶,不要吃呕吐剂。

(2) 刺激性及神经性中毒:先服牛奶或鸡蛋白使之缓和,再服用硫酸铜溶液(约30 g溶于一杯水中)催吐,有时也可以用手指伸入喉部催吐后,立即到医院就诊。

(3) 吸入气体中毒:将中毒者移至室外,解开衣领及纽扣,吸入大量氯气或溴蒸气者,可用碳酸氢钠溶液漱口。

1.2.4　急救用具

(1) 消防器材:泡沫灭火器、四氯化碳灭火器(弹)、二氧化碳灭火器、沙、石棉布、毛毡、棉胎和淋浴用的水龙头。

(2) 急救药箱:碘酒、双氧水、饱和硼砂溶液、1%醋酸溶液、5%碳酸氢钠溶液、70%乙醇、玉树油、烫伤油膏、万花油、药用蓖麻油、硼酸膏或凡士林、磺胺药粉、洗眼杯、消毒棉花、纱布、胶布、绷带、剪刀、镊子、橡皮管等。

第2章　有机化学实验的基本知识

2.1　有机化学实验常用的仪器和装置

了解有机化学实验中所用仪器的性能、选用适合的仪器并正确地使用这些仪器是对每一个实验者最起码的要求。

2.1.1　有机化学实验常用的玻璃仪器

玻璃仪器一般是由软质或硬质玻璃制作而成的。软质玻璃耐温、耐腐蚀性较差，但是价格便宜，一般用它制作的仪器均不耐温，如普通漏斗、量筒、抽滤瓶、干燥器等。硬质玻璃具有较好的耐温和耐腐蚀性，制成的仪器可在温度变化较大的情况下使用，如烧瓶、烧杯、冷凝管等。

玻璃仪器一般分为普通和标准磨口两类。在实验室常用的普通玻璃仪器有非磨口锥形瓶、烧杯、布氏漏斗、抽滤瓶、普通漏斗等，见图 2-1。常用标准磨口仪器有磨口锥形瓶、圆底烧瓶、三口烧瓶、蒸馏头、冷凝管、接引管等，见图 2-2。

标准磨口玻璃仪器是具有标准磨口或磨塞的玻璃仪器，均按国际通用的技术标准制造。由于口塞尺寸的标准化、系统化，磨砂密合，凡属于同类规格的接口，均可任意互换，各部件能组装成各种配套仪器。当不同类型、规格的部件无法直接组装时，可使用变接头将之连接起来。使用标准磨口玻璃仪器既可免去配塞子的麻烦，又能避免反应物或产物被塞子沾污的危险；口塞磨砂性能良好，使密合性可达到较高真空度要求，对蒸馏尤其减压蒸馏有利，对于毒物或挥发性液体的实验较为安全。

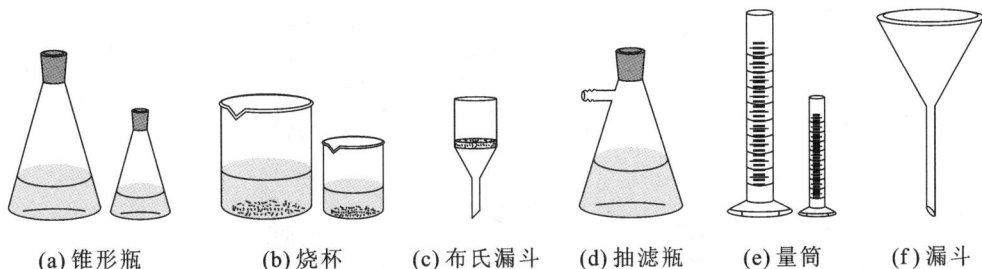

(a) 锥形瓶　　　(b) 烧杯　　　(c) 布氏漏斗　　(d) 抽滤瓶　　(e) 量筒　　　(f) 漏斗

图 2-1　常用普通玻璃仪器

(a) 圆底烧瓶　　(b) 三口烧瓶　　(c) 磨口锥形瓶　　(d) 磨口玻璃塞　　(e) U形干燥管

(f) 弯管　　(g) 蒸馏头　　(h) 标准接头　　(i) 克氏蒸馏头　　(j) 真空接引管

(k) 弯形接引管　　(l) 分水器　　(m) 恒压滴液漏斗　　(n) 滴液漏斗　　(o) 梨形分液漏斗

(p) 球形分液漏斗　　(q) 直形冷凝管　　(r) 空气冷凝管　　(s) 球形冷凝管　　(t) 蛇形冷凝管

(u) 分馏柱　　(v) 刺形分馏头　　(w) Soxhlet提取器

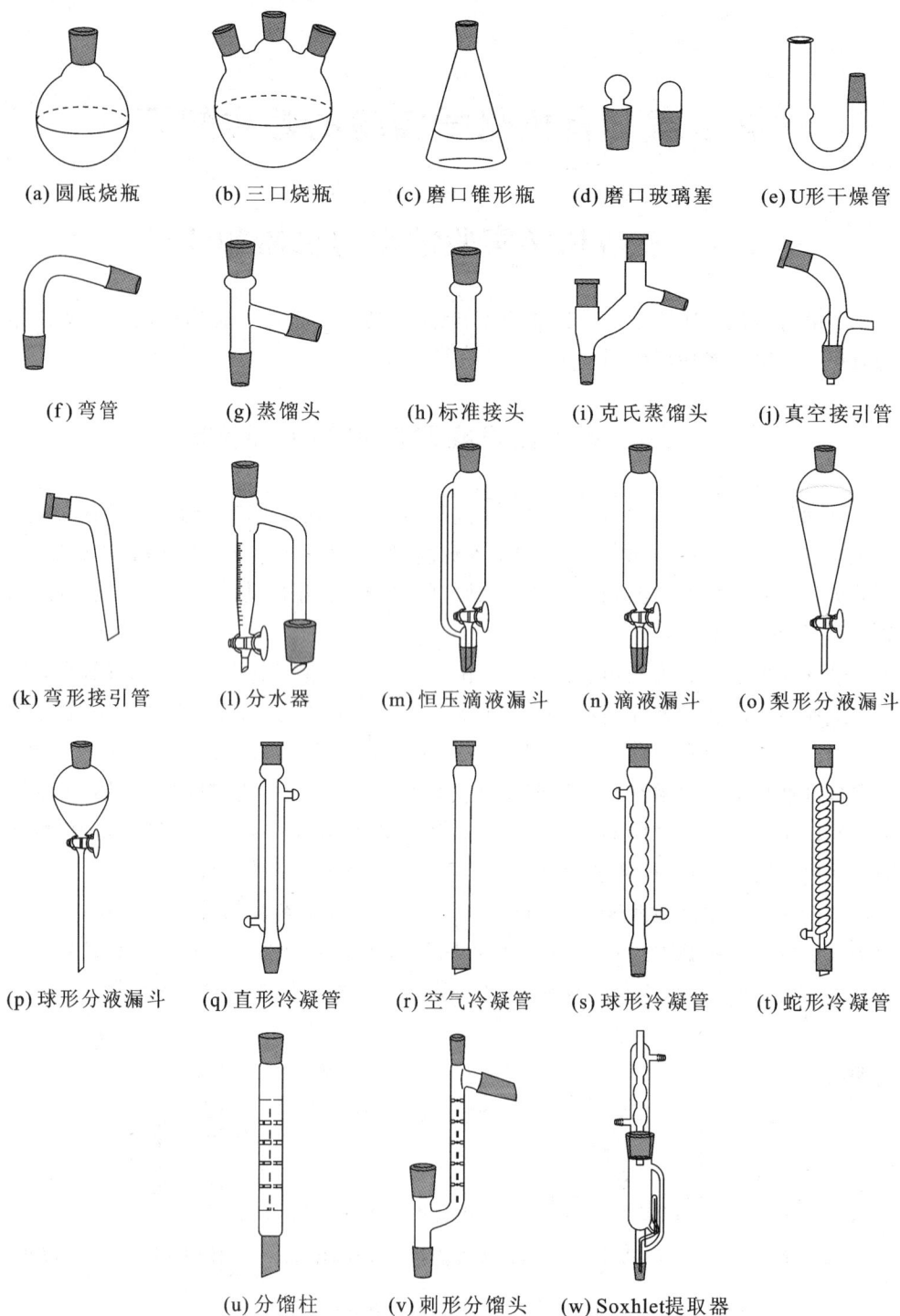

图 2-2　常用标准磨口玻璃仪器

标准磨口仪器的每个部件在其口、塞的上或下显著部位均具有烤印的白色标志，表明规格。常用的有 10、12、14、16、19、24、29、34、40 等。表 2-1 列出了常用的标准磨口玻璃仪器的编号与大端直径。

表 2-1　常用的标准磨口玻璃仪器的编号与大端直径

编号	10	12	14	16	19	24	29	34	40
大端直径/mm	10	12.5	14.5	16	18.8	24	29.2	34.5	40

有的标准磨口玻璃仪器有两个数字，如 10/30，其中"10"表示磨口大端的直径为 10 mm，"30"表示磨口的高度为 30 mm。

学生使用的常量仪器一般是 19 号的磨口仪器，半微量实验中采用的是 14 号的磨口仪器。使用磨口仪器时应注意以下几点：

（1）使用时，应轻拿轻放。

（2）不能用明火直接加热玻璃仪器（试管除外），加热时应垫以石棉网。

（3）不能用高温加热不耐热的玻璃仪器，如抽滤瓶、普通漏斗、量筒。

（4）玻璃仪器使用完后应及时清洗，特别是标准磨口仪器放置时间太久时，容易黏结在一起，很难拆开。如果发生此情况，可用热水煮黏结处或用电吹风吹磨口处，使其膨胀而脱落，还可用木槌轻轻敲打黏结处。

（5）带旋塞或具塞的仪器清洗后，应在塞子和磨口的接触处夹放纸片或抹凡士林，以防黏结。

（6）标准磨口玻璃仪器磨口处要干净，不得粘有固体物质。清洗时，应避免用去污粉擦洗磨口，否则，会使磨口连接不紧密，甚至会损坏磨口。

（7）安装仪器时，应做到横平竖直，磨口连接处不应受歪斜的应力，以免仪器破裂。

（8）一般使用时，磨口处无须涂润滑剂，以免粘有反应物或产物。但是反应中使用强碱时，则要涂润滑剂，以免磨口连接处因碱腐蚀而黏结在一起，无法拆开。减压蒸馏时，应在磨口连接处涂润滑剂，保证装置密封性好。

（9）使用温度计时，应注意不要用冷水冲洗热的温度计，以免炸裂，尤其是水银球部位，应冷却至室温后再冲洗。不能用温度计搅拌液体或固体物质，以免损坏后，因为有汞或其他有机液体而不好处理。

2.1.2　有机化学实验常用反应装置

有机化学实验中常用的反应装置如图 2-3 至 2-7 所示。

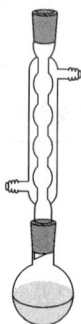

图 2-3　简单回流装置

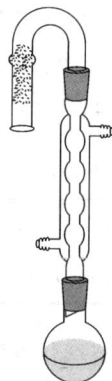

图 2-4　带干燥管的回流装置

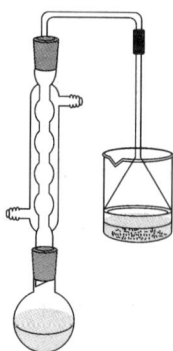

图 2-5　带气体吸收装置的回流装置

图 2-6　带分水器的回流装置

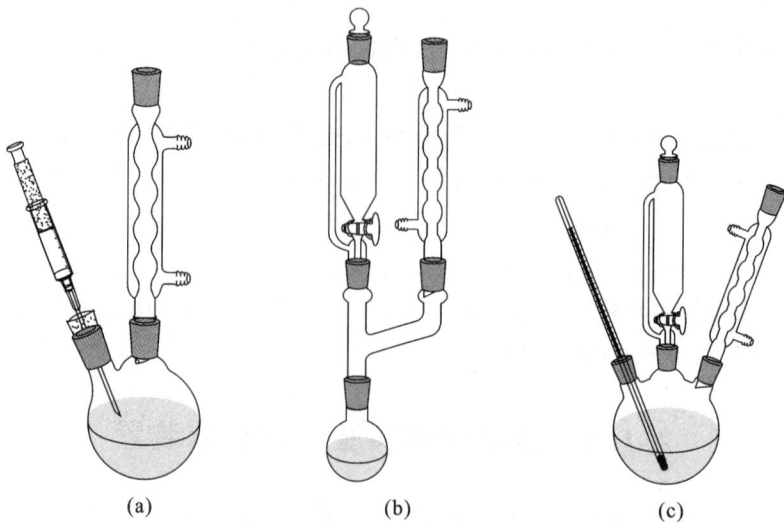

(a)　　　　　　　　(b)　　　　　　　　(c)

图 2-7　带有滴加装置的回流装置

2.1.3　仪器的选择、装配与拆卸

有机化学实验的各种反应装置都是由一件件玻璃仪器组装而成的,实验中应根据实验要求选择合适的仪器。选择仪器的一般原则如下。

(1) 烧瓶的选择:根据液体的体积而定,一般液体的体积应占容器容积的 1/3～1/2,也就是说,烧瓶容积的大小应是液体体积的 2～3 倍。进行水蒸气蒸馏和减压蒸馏时,液体体积不应超过烧瓶容积的 1/2。

(2) 冷凝管的选择:一般情况下回流用球形冷凝管,蒸馏用直形冷凝管。但是当蒸馏温度超过 140 ℃ 时应改用空气冷凝管,以防温差较大时,由于仪器受热不均匀而造成冷凝管断裂。

(3) 温度计的选择:实验室一般备有 150 ℃ 和 300 ℃ 两种温度计,根据所测温度可选用不同的温度计。一般选用的温度计测量上限要高于被测温度 10～20 ℃。

有机化学实验中仪器装配得正确与否,对于实验的成败有很大关系。

首先,在装配一套装置时,所选用的玻璃仪器和配件都要干净。否则,往往会影响产物的产量和质量。

其次,所选用的器材要恰当。例如,在需要加热的实验中,当需选用圆底烧瓶时,应选用质量好的,其容积大小,使所盛反应物占其容积的 1/2 左右为好,不能超过2/3。

第三,安装仪器时,应选好主要仪器的位置,按先下后上、先左后右的顺序,逐个将仪器边固定边组装。拆卸的顺序则与组装相反。拆卸前,应先停止加热,移走加热源,待稍微冷却后,先取下产物,然后再逐个拆掉仪器。拆冷凝管时注意不要将水洒到电热套上。

总之,仪器装配要求做到严密、正确、整齐和稳妥。在常压下进行反应的装置,应与大气相通,不能密闭。铁夹的双钳内侧贴有橡皮或绒布,或缠上石棉绳、布条等。否则,容易将仪器损坏。

使用玻璃仪器时,最基本的原则是切忌对玻璃仪器的任何部分施加过度的压力或扭歪,马虎安装的实验装置不仅看上去使人感觉不舒服,而且也有潜在的危险。这是因为扭歪的玻璃仪器在加热时会破裂,有时甚至在放置时也会崩裂。

2.1.4　常用玻璃器皿的洗涤和干燥

1. 玻璃器皿的洗涤

进行化学实验必须使用清洁的玻璃仪器。要养成实验结束后立即清洗玻璃器皿的习惯,因为污垢的性质在当时是清楚的,可以用相应的洗涤方法来进行清洗。若时间长了,污垢的成分可能发生变化,增加洗涤的困难。

洗涤的一般方法是用水、洗衣粉、去污粉刷洗。刷子是特制的,如瓶刷、烧杯刷、冷凝管刷等,但用腐蚀性洗液时则不用刷子。洗涤玻璃器皿时不应该用砂纸,它会擦伤玻璃乃至引起龟裂。若难于洗净,则可根据污垢的性质选用适当的洗液进行洗涤。如果是酸性(或碱性)的污垢,用碱性(或酸性)洗液洗涤;有机污垢用碱液或有机溶剂洗涤。下面介绍几种常用洗液。

1) 铬酸洗液

这种洗液氧化性强,对有机污垢破坏力很强,可用于清洗大多数有机污渍。倾去器皿内的水,慢慢倒入洗液,转动器皿,使洗液充分浸润不干净的器壁,数分钟后把洗液倒回洗液瓶中,用自来水冲洗。若壁上粘有少许炭化残渣,可加入少量洗液,浸泡一段时间后在小火上加热,直至冒出气泡,炭化残渣可被除去,但当洗液颜色变绿,表示失效,应该弃去,不能倒回洗液瓶中。

铬酸洗液的配制方法:将研细的重铬酸钾 20 g,放入 500 mL 烧杯中,加水 40 mL,加热,待溶解后冷却,再慢慢加入 350 mL 浓硫酸,边加边搅拌,即成铬酸洗液。

注意事项:①防止腐蚀皮肤和衣服;②防止吸水;③洗液呈绿色时,表示失效;④废液用硫酸亚铁处理后再排放。

2) 浓盐酸

浓盐酸可以洗去附着在器壁上的二氧化锰或碳酸钙等残渣。

3) 碱液和合成洗涤剂

配成浓溶液即可。用以洗涤油脂和一些有机物(如有机酸)。

4) 有机溶剂洗涤液

当胶状或焦油状的有机污垢用上述方法不能洗去时,可选用丙酮、乙醚、苯浸泡,要加盖保存,防止溶剂挥发。有机溶剂洗涤液使用后可回收重复使用。

也可以使用氢氧化钠的乙醇溶液来清洗,配制方法是将 60 g 氢氧化钠溶于 60 mL 水中,再加入 500 mL 95% 乙醇,要加盖保存,防止挥发。此洗涤液放置时间长了会失效,需重新配制。

用于精制或有机分析用的器皿,除用上述方法处理外,还须用蒸馏水冲洗。

器皿是否清洁的标志如下:加水倒置,水顺着器壁流下,内壁被水均匀润湿,有一层既薄又匀的水膜,不挂水珠。

2. 玻璃仪器的干燥

有机化学实验经常要使用干燥的玻璃仪器,故要养成在每次实验后马上把玻璃仪器洗净和倒置使之干燥的习惯,以便下次实验时使用。干燥玻璃仪器的方法有下列几种。

1) 自然风干

自然风干是指把已洗净的仪器放在干燥架上自然晾干,这是常用和简单的方法。

但必须注意,若玻璃仪器洗得不够干净,水珠便不易流下,干燥就会较为缓慢。

2）烘干

把玻璃器皿顺序从上层往下层放入烘箱烘干,放入烘箱中干燥的玻璃仪器,一般要求不带水珠。器皿口向上,带有磨砂口玻璃塞的仪器,必须取出活塞后才能烘干,烘箱内的温度保持 $100\sim105$ ℃,约 0.5 h,待烘箱内的温度降至室温时才能取出。切不可把很热的玻璃仪器取出,以免破裂。当烘箱已工作时,则不能往上层放入湿的器皿,以免水滴下落,使热的器皿骤冷而破裂。

3）吹干

如果仪器洗涤后需立即使用,可使用吹干方法,即用气流干燥器或电吹风把仪器吹干。首先将水尽量沥干,加入少量丙酮或乙醇摇洗并倾出,再通入冷风吹 $1\sim2$ min,待大部分溶剂挥发后,吹入热风至完全干燥为止,最后吹入冷风使仪器逐渐冷却。

2.1.5　常用玻璃仪器的保养和清洗

有机化学实验常用各种玻璃仪器的性能是不同的,必须掌握它们的性能、保养和洗涤方法,才能正确使用,提高实验效果,避免不必要的损失。下面介绍几种常用的玻璃仪器的保养和清洗方法。

1. 温度计

温度计水银球部位的玻璃很薄,容易破损,使用时要特别小心。首先,不要将温度计当搅拌棒使用;其次,不要测量超过温度计的最高刻度的温度;最后,不要把温度计长时间放在高温的溶剂中,否则会使水银球变形导致读数不准。

温度计使用后应悬挂在铁架台上,让它慢慢冷却,特别在测量高温之后,切不可立即用水冲洗,否则水银球会破裂或水银柱断裂。待冷却后再把它洗净抹干,放回温度计盒内,盒底要垫上一小块棉花。如果是纸盒,放回温度计时要检查盒底是否完好。

2. 冷凝管

冷凝管通水后很重,所以安装冷凝管时应将夹子夹在冷凝管的重心所在位置,以免翻倒。洗刷冷凝管时要用特制的长毛刷,如用洗涤液或有机溶液洗涤,则用软木塞塞住一端;不用时,应直立放置,使之易干。

3. 分液漏斗

分液漏斗的活塞和顶塞都是磨砂口的,若非原配的,就可能不严密,所以使用时要注意保护,特别是活塞。各个分液漏斗之间也不要相互调换活塞和顶塞,用后一定要在活塞和顶塞的磨砂口间垫上纸片,以免日久后难以打开。

4. 砂芯漏斗

砂芯漏斗在使用后应立即用水冲洗,不然难以洗净。滤板不太稠密的漏斗可用强烈的水流冲洗;如果是较稠密的,则需要用抽滤的方法冲洗。必要时可用有机溶剂洗涤。

2.2　有机化学反应的实施方法

2.2.1　加　热　方　法

在进行分离、纯化等操作时,经常需要将物料进行加热;某些化学反应在室温下难以进行或进行得很慢,为了加快反应速率,要采用加热的方法。温度升高时反应速率加快,一般温度每升高 10 ℃,反应速率约增加 1 倍。

有机化学实验常用的热源是电热套、电炉、烘箱、马弗炉等。传统的酒精灯、煤气灯加热已经很少见了,直接用火焰加热玻璃器皿很少被采用,因为玻璃对于剧烈的温度变化和这种不均匀的加热是不稳定的,容易导致局部过热,从而可能引起有机化合物的部分分解。此外,从安全的角度来看,因为有许多有机化合物遇到明火容易燃烧甚至爆炸,所以应该避免用火焰直接接触被加热的物质。因此,需要根据物料及反应特性采用适当的间接加热方法。最简单的方法是通过石棉网进行加热,这样烧杯(瓶)受热面扩大,且受热较均匀。除此以外,有机化学实验中常用的间接加热方法有以下几种。

1. 水浴

当加热温度在 100 ℃ 以下时,可将容器浸入水浴中,使用水浴加热。使用水浴时,热浴液面应略高于容器中的液面,且不要让容器底部触及水浴锅底。控制温度使之稳定在所需要范围内。若长时间加热,水浴中的水会汽化,适当时要添加热水,或者在水面上加几片石蜡,石蜡受热熔化铺在水面上,可减少水的蒸发量。此外,必须强调指出,当用到金属钾或钠的操作时,绝不能在水浴中进行。

电热多孔恒温水浴,用起来较为方便。

如果加热温度稍高于 100 ℃,则可选用适当无机盐类的饱和溶液作为热浴液,它们的沸点列于表 2-2。

表 2-2　某些无机盐热浴液的沸点

无机盐	饱和水溶液的沸点/ ℃
NaCl	109
$MgSO_4$	108
KNO_3	116
$CaCl_2$	180

2. 油浴

加热温度在 100~250 ℃ 之间时可使用油浴加热,也可以用电热套直接加热。油浴所能达到的最高温度取决于所用油的种类。

（1）甘油可以加热到 140～150 ℃,温度过高时会分解。甘油吸水性强,放置过久的甘油,使用前应首先加热蒸去所吸收的水分,之后再用于油浴。

（2）甘油和邻苯二甲酸二丁酯的混合液适用于加热到 140～180 ℃,温度过高则分解。

（3）植物油如菜油、蓖麻油和花生油等,可以加热到 220 ℃。若在植物油中加入1%的对苯二酚,可增加油在受热时的稳定性。

（4）液体石蜡可加热到 220 ℃,温度稍高虽不易分解,但易燃烧。

（5）固体石蜡可加热到 220 ℃以上,其优点是室温下为固体,便于保存。

（6）硅油在 250 ℃时仍较稳定,透明度好,安全,是目前实验室中较为常用的油浴介质之一。

用油浴加热时,要在油浴中设置温度计(温度计感温头如水银球等不要碰到油浴锅底),以便随时观察和调节温度。加热完毕取出反应容器时,用铁夹夹住反应容器离开液面并悬置片刻,待容器壁上附着的油滴完后,用纸或干布拭干后再取下容器。

油浴所用的油中不能溅入水,否则加热时会产生泡沫珠或爆溅。使用油浴时,要特别注意油蒸气污染环境和可能引起火灾,可用一块中间有圆孔的石棉板覆盖油锅。

3. 空气浴

空气浴就是让热源把局部空气加热,空气再把热能传导给反应容器。

电热套加热就是简便的空气浴加热,能从室温加热到 200 ℃左右。安装反应装置时,要使反应瓶外壁与电热套内壁保持 2 cm 左右的距离,以便利用热空气传热和防止局部过热等。

4. 沙浴

加热温度达 200 ℃以上时,常使用沙浴加热。

将清洁而又干燥的细沙平铺在铁盘上,把盛有被加热物料的容器埋在沙中,加热铁盘。由于沙对热的传导能力较差而散热却较快,因此容器底部与沙浴接触处的沙层要薄些,以便于受热。由于沙浴温度上升较慢,且不易控制,因而使用不广。

除了以上介绍的几种加热方法外,还有熔盐浴、金属浴(合金浴)、电热法等加热方法,可根据实验的需要来使用。无论用何法加热,都要求加热均匀而稳定,尽量减少热损失。

2.2.2　冷　却　方　法

有时在反应中产生大量的热,它使反应温度迅速升高,如果控制不当,可能引起副反应。它还会使反应物蒸发,甚至会发生冲料和爆炸事故。要把温度控制在一定范围内,就要进行适当的冷却。有时为了降低溶质在溶剂中的溶解度或加速结晶析出,也要采用冷却的方法。冷却方法主要有以下几种。

1. 冰水冷却

让冷水在容器外壁流动,或把反应器浸在冷水中,交换走热量,达到冷却的目的。

也可用水和碎冰的混合物作为冷却剂,其冷却效果比单用冰块好,可冷却至 0～—5 ℃。有时也可把碎冰直接投入反应器中,以便更有效地保持低温。

2. 冰盐冷却

需要在 0 ℃以下进行操作时,常使用按不同比例混合的碎冰和食盐作为冷却剂。其中食盐要研细,冰要砸碎(或用冰片花),使盐均匀包在冰块上,形成冰-食盐混合物(质量比为 3∶1),可冷却至—5～—18 ℃。其他盐类的冰-盐混合物冷却温度见表 2-3。

表 2-3　冰-盐混合物的质量配比及温度

盐名称	质量配比		温度/ ℃
	盐	冰	
六水氯化钙	100	246	—9
	100	123	—21.5
	100	70	—55
	100	81	—40.3
硝酸铵	45	100	—16.8
硝酸钠	50	100	—17.8
溴化钠	66	100	—28

3. 干冰或干冰与有机溶剂混合冷却

干冰(固体的二氧化碳)和乙醇、异丙醇、丙酮、乙醚或氯仿等有机溶剂混合,可冷却到—50～—78 ℃。注意:当干冰加入有机溶剂时会猛烈起泡,加入时速度要缓慢。这种冷却剂必须放在杜瓦瓶(广口保温瓶)或其他绝热效果好的容器中,以保持其冷却效果。

4. 液氮

用液氮可冷至—196 ℃(77 K),用有机溶剂可以调制所需的低温恒温浴浆(又称冷浆)。一些可作低温恒温浴浆的化合物列在表 2-4 中。

表 2-4　可作低温恒温浴浆的化合物

化合物	低温恒温浴浆温度/ ℃
乙酸乙酯	—83.6
丙二酸乙酯	—51.5
对异戊烷	—160.0
乙酸甲酯	—98.0
乙酸乙烯酯	—100.2
乙酸正丁酯	—77.0

液氮和干冰是两种方便而又廉价的冷冻剂,这种低温恒温浴浆的制法如下:在一个清洁的杜瓦瓶中注入纯的液体化合物,其用量不超过容积的 3/4,在良好的通风橱中缓慢地加入新取的液氮,并用一支结实的搅拌棒迅速搅拌,最后制得的低温恒温浴浆稠度应类似于黏稠的麦芽。

5. 低温浴槽

低温浴槽是一个小冰箱,冰室口向上,蒸发面用筒状不锈钢槽代替,内装酒精。外设压缩机,循环氟利昂制冷。压缩机产生的热量可用水冷或风冷散去。可装外循环泵,使冷酒精与冷凝器连接循环。还可装温度计等指示器。反应瓶浸在酒精液体中。低温浴槽适用于−30~30 ℃范围的反应。

以上制冷方法可供选用。但要注意当温度低于−38 ℃时水银会凝固,因此不能用水银温度计测量,这时可采用添加少许颜料的有机溶剂(酒精、甲苯、正戊烷)温度计来测定温度。

2.2.3　干 燥 方 法

干燥是常用的除去固体、液体或气体中少量水分或有机溶剂的方法。在进行有机物波谱分析、定性或定量分析以及物理常数测定时,往往要求预先干燥,否则测定结果会不准确。液休有机物在蒸馏前也需干燥,否则沸点前馏分较多,会导致产物损失,甚至沸点也不准。此外,许多有机化学反应必须在无水条件下进行,使用的溶剂、原料和仪器等均须干燥。可见,在有机化学实验中,试剂和产品的干燥具有重要的意义。

1. 基本原理

干燥方法可分为物理方法和化学方法两种。

1) 物理方法

物理方法有烘干、晾干、吸附、分馏、共沸蒸馏和冷冻等。近年来,还常用离子交换树脂和分子筛等方法进行干燥。

离子交换树脂是一种不溶于水、酸、碱和有机溶剂的高分子聚合物。其中强酸性阳离子交换树脂由于具有磺酸基等强亲水性基团,对水分子有强烈的吸附作用。这类树脂经干燥处理后可作为干燥剂使用,主要用来除去有机溶剂中微量的水分,制备无水有机溶剂。

分子筛是含水硅铝酸盐的晶体。它在结构上有许多孔径均匀的孔道和排列整齐的孔穴。分子筛通常按微孔表观直径大小进行分类,不同孔径的分子筛可以把不同大小和形状的分子分开。例如"5 Å分子筛",即表示它可吸附直径为 5 Å(1 Å=0.1 nm)的分子,因此也能吸附直径为 3 Å 的水分子,达到干燥的效果。当加热至 350 ℃以上时,吸附后的分子筛又可以解吸活化,所以能反复使用。市售的分子筛应放在马弗炉内加热至(550±10)℃活化 2 h,待温度降到 200 ℃左右取出,小心地存放在干燥器内备用。

2) 化学方法

化学方法采用干燥剂来除水。该方法只适用于除去少量水分。若水的含量较大,干燥效果不好。因此,萃取时应尽量将水层分净,这样干燥效果好,且产物损失少。

根据除水作用原理,可以把干燥剂分为以下两类。

（1）干燥剂能与水可逆地结合,生成水合物。例如：

$$CaCl_2 + nH_2O \Longrightarrow CaCl_2 \cdot nH_2O$$

这类干燥剂与水的反应为可逆反应,反应达到平衡需要一定时间。因此,加入干燥剂后,一般最少要 2 h 甚至更长一点的时间后才能收到较好的干燥效果。因反应可逆,不能将水完全除去,故干燥剂的加入量要适当,一般为溶液体积的 5% 左右。当温度升高时,这种可逆反应的平衡向脱水方向移动,所以在蒸馏前,必须将干燥剂滤除,否则被除去的水将返回液体中。另外,若把盐倒（或留）在蒸馏瓶底,受热时会发生迸溅。

（2）干燥剂与水发生不可逆的化学变化,生成新的化合物。例如：

$$2Na + 2H_2O \longrightarrow 2NaOH + H_2 \uparrow$$

使用这类干燥剂在蒸馏前不必滤除。

2. 液体有机化合物的干燥

1) 干燥剂的选择

干燥剂必须与被干燥的液体有机化合物不发生化学反应,包括溶解、配位、缔合和催化等作用。例如,酸性化合物不能用碱性干燥剂干燥等。

2) 使用干燥剂时要考虑干燥剂的吸水容量和干燥效能

干燥效能是指达到平衡时液体被干燥的程度。对于形成水合物的无机盐干燥剂,常用吸水后结晶水的蒸气压来表示干燥剂效能。如硫酸钠形成 10 个结晶水,蒸气压为 260 Pa；氯化钙最多能形成 6 个结晶水的水合物,其吸水容量为 0.97,在 25 ℃时水蒸气压力为 39 Pa。因此,硫酸钠的吸水容量较大,但干燥效能弱,而氯化钙吸水容量较小,但干燥效能强。在干燥含水量较大而又不易干燥的化合物时,常先用吸水容量较大的干燥剂除去大部分水,再用干燥效能强的干燥剂进行干燥。

3) 干燥剂的用量

根据水在液体中溶解度和干燥剂的吸水量,可算出干燥剂的最低用量。但是,干燥剂的实际用量是大大超过计算用量的。一般干燥剂的用量为每 10 mL 液体 0.5～1 g 干燥剂。但在实际操作中,主要是通过现场观察判断。

（1）观察被干燥液体：干燥前,液体呈混浊状,经干燥后变澄清,这可简单地作为水分基本除去的标志。例如在环己烯中加入无水氯化钙进行干燥,未加干燥剂之前,由于环己烯中含有水,环己烯不溶于水,溶液处于混浊状态。当加入干燥剂吸水之后,环己烯呈清澈透明状,即表明干燥合格。否则,应补加适量干燥剂继续干燥。

(2) 观察干燥剂:例如用无水氯化钙干燥乙醚时,无论乙醚中的水除净与否,溶液总是呈清澈透明状,此时判断干燥剂用量是否合适,则应看干燥剂的状态。加入干燥剂后,因其吸水变黏,粘在器壁上,摇动不易旋转,表明干燥剂用量不够,应适量补加无水氯化钙,直到新加的干燥剂不结块,不粘壁,干燥剂棱角分明,摇动时旋转并悬浮(尤其硫酸镁等小晶粒干燥剂),表示所加干燥剂用量合适。

由于干燥剂还能吸收一部分有机液体,影响产品收率,故干燥剂用量应适中。应加入少量干燥剂后静置一段时间,观察,用量不足时再补加。一般每 100 mL 样品需加入 0.5~1 g 干燥剂。

4) 干燥时的温度

对于生成水合物的干燥剂,加热虽可加快干燥速度,但远远不如水合物放出水的速度快,因此,干燥通常在室温下进行。

5) 操作步骤与要点

(1) 首先把被干燥液中水分尽可能除净,不应有任何可见的水层或悬浮水珠。

(2) 把待干燥的液体放入锥形瓶中,取颗粒大小合适(如无水氯化钙,应为黄豆粒大小并不夹带粉末)的干燥剂,放入液体中,用塞子盖住瓶口,轻轻振摇,经常观察,判断干燥剂是否足量,静置(0.5 h,最好过夜)。

(3) 把干燥好的液体滤入蒸馏瓶中,然后进行蒸馏。

3. 固体有机化合物的干燥

干燥固体有机化合物,主要是为除去残留在固体中的少量低沸点溶剂,如水、乙醚、乙醇、丙酮、苯等。因为固体有机物的挥发性比溶剂小,所以采取蒸发和吸附的方法来达到干燥的目的。常用干燥法如下:

(1) 自然晾干。

(2) 烘干。一般有机物可用恒温烘箱或红外灯烘干,对于高温下容易分解或被氧气氧化的有机物可用恒温真空干燥箱烘干。

(3) 冻干,即将固体冷冻,使其含有的水分变成冰,然后在真空下使冰升华,从而达到干燥的目的。

(4) 通过抽滤把水分抽干。当遇难抽干溶剂时,可把固体从布氏漏斗中转移到滤纸上,上下均放 2~3 层滤纸,挤压,使溶剂被滤纸吸干。

(5) 使用干燥器干燥,如普通干燥器、真空干燥器、真空恒温干燥器(干燥枪)等。

4. 气体的干燥

在有机化学实验中常用气体有 N_2、O_2、H_2、Cl_2、NH_3、CO_2 等,市售的瓶装气体里常含有少量的水蒸气,而有机化学实验有时要求气体中不能有水,这时就需要对上述气体进行干燥。

干燥气体常用仪器有干燥管、干燥塔、U 形管、各种洗气瓶(常用来盛液态干燥剂)等。常用气体干燥剂列于表 2-5。

表 2-5　常用气体干燥剂

干燥剂	可干燥气体
CaO、碱石灰、NaOH、KOH	NH_3
无水 $CaCl_2$	H_2、HCl、CO_2、CO、SO_2、N_2、O_2、低级烷烃、醚、烯烃、卤代烃
P_2O_5	H_2、N_2、O_2、CO_2、SO_2、烷烃、乙烯
浓硫酸	H_2、N_2、HCl、CO_2、Cl_2、烷烃
$CaBr_2$、$ZnBr_2$	HBr

2.3　有机化学实验预习、记录和实验报告

有机化学实验课是一门综合性较强的理论联系实际的课程。它是培养学生独立工作能力的重要环节。完成一份正确、完整的实验报告,也是一个很好的训练过程。实验报告分三部分:实验预习、实验记录及实验总结。

2.3.1　实　验　预　习

实验预习的内容如下:
(1) 写出本次实验要达到的主要目的。
(2) 用反应式写出主反应及副反应,简单叙述操作原理。
(3) 按实验报告要求填写主要试剂及产物的物理和化学性质。
(4) 画出主要反应装置图。
(5) 写出操作步骤。

预习时,应想清楚每一步操作的目的是什么,为什么这么做,要弄清楚本次实验的关键步骤和难点,实验中有哪些安全问题。预习是做好实验的关键,只有预习好了,实验时才能做到又快又好。

2.3.2　实　验　记　录

实验记录是科学研究的第一手资料,实验记录的好坏直接影响对实验结果的分析。因此,学会做好实验记录也是培养学生科学作风及实事求是精神的一个重要环节。

　　作为一位科学工作者,必须对实验的全过程进行仔细观察,如反应液颜色的变化,有无沉淀及气体出现,固体的溶解情况,以及加热温度和加热后反应的变化等,都应认真记录。同时还应记录加入原料的颜色和加入的量、产品的颜色和产品的量、产品的熔点或沸点等物化数据。记录时,要与操作步骤一一对应,内容要简明扼要,条理清楚。记录直接写在实验报告上。不要随便记在一张纸上,课后抄在报告上。

2.3.3　实　验　总　结

　　这部分工作在课后完成。内容如下:
　　(1) 对实验现象逐一作出正确的解释。能用反应式表示的尽量用反应式表示。
　　(2) 计算产率。在计算理论产量时,应注意:①有多种原料参加反应时,以物质的量最小的那种原料的量为准;②不能用催化剂或引发剂的量来计算;③有异构体存在时,以各种异构体理论产量之和进行计算,实际产量也是异构体实际产量之和。计算公式如下:

$$产率=(实际产量/理论产量)\times100\%$$

　　(3) 填写物理常数的测试结果。分别填上产物的文献值和实测值,并注明测试条件,如温度、压力等。
　　(4) 对实验进行讨论与总结:①对实验结果和产品进行分析;②写出做实验的体会;③分析实验中出现的问题和解决的办法;④对实验提出建设性的建议。通过讨论来总结、提高和巩固实验中所学到的理论知识和实验技术。如内容较多,可另附页。
　　(5) 实验报告要求条理清楚,文字简练,图表清晰、准确。一份完整的实验报告可以充分体现学生对实验理解的深度、综合解决问题的能力及文字表达的能力。
　　附:

有机化学实验报告示例

实验名称		
姓名 _____	班级 _____	学号 _____
同组者姓名 _____	日期 _____	成绩 _____

一、实验目的

二、实验原理(涉及有机化学反应的应写出主反应、副反应方程式)

三、主要试剂及物理常数(主要产物的物理常数理论值也应列出)

试剂名称	相对分子质量	相对密度	沸点/℃	熔点/℃	溶解度/(g/100 mL)

四、仪器装置图(须画出实验中重要环节的实验装置图)

五、实验步骤流程图(如下例,不要大段照抄讲义内容)

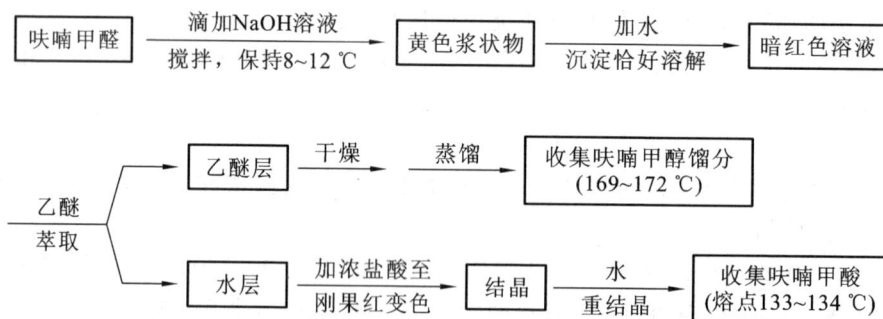

呋喃甲醛 →(滴加NaOH溶液 搅拌,保持8~12 ℃)→ 黄色浆状物 →(加水 沉淀恰好溶解)→ 暗红色溶液

乙醚萃取 →
　乙醚层 →(干燥)→(蒸馏)→ 收集呋喃甲醇馏分(169~172 ℃)
　水层 →(加浓盐酸至刚果红变色)→ 结晶 →(水 重结晶)→ 收集呋喃甲酸(熔点133~134 ℃)

六、实验步骤及实验现象解释

实验时间	步骤	现象	备注(现象解释)

七、结论:产品物理常数实测值、质量、产率(产率计算须写出计算过程,如下表)
_____产率计算:

原料用量	原料物质的量/mol	理论产量	实际产量	产率

八、讨论:实验心得(本次实验合格或失败的原因、实验关键之处等)

九、思考题

有机化学实验报告评分标准(供参考)

有机化学实验报告共分三部分评分,其中预习报告占 20 分,操作表现占 40 分,最终报告(包括实验记录和实验总结)占 40 分。

一、预习报告评分标准

1. 实验名称(2 分)

必须完整、准确地填写实验名称、实验日期、姓名、班级、学号、同组者姓名等项目,每缺少一项扣 1 分,扣完为止。

2. 实验目的(2 分)

写出本次实验要达到的主要目的及需要掌握的要点。

3. 实验原理(4 分)

应在理解的基础上简明扼要地写出本实验涉及的有机化学反应方程式以及使用到的主要合成、分离手段的原理,不能简单地抄实验指导书。

4. 主要试剂及物理常数(4 分)

以表格形式写出实验中所使用的主要试剂及产物,其中实验中用到的有机试剂和主要产物须列出其物理常数,无机试剂只需列出名称和相对分子质量即可,不必列出其他物理常数。试剂列出不完全或物理常数不全的扣 2 分。

5. 仪器装置图(4 分)

用铅笔画出实验中重要环节的实验装置图,应力求清晰准确,并在图下方标注图题(如"×××××装置图")。装置图不完整或有明显错误的扣 1~3 分,图下面没有标图题的扣 1 分,不用铅笔画且涂改严重的扣 1~2 分。

6. 实验步骤流程图(4 分)

以流程图方式简明、清晰、准确地表现完整的实验步骤,禁止大段照抄实验指导书或讲义上的操作步骤。步骤不用流程图表示的扣 2 分,步骤不全的扣 1~3 分。

二、操作表现评分标准

操作表现分为实验操作和实验表现两部分,各占 20 分,共计 40 分。

1. 实验操作(20 分)

实验操作要根据学生的实验过程和实验结果进行评分,分为三个档次:

A 档(15~20 分):能按照实验操作规范顺利完成实验,合成实验能获得目标产品,产率正常或较高,非合成实验能获得实验数据且数据正确。

B 档(10~15 分):基本上能按照实验操作规范完成实验,过程中有一些失误或瑕疵,合成实验能获得目标产品但产率较低,非合成实验能获得实验数据但有偏差。

C 档(0~10 分):因操作失误未能完成实验,合成实验未能获得目标产品,非合成实验未能获得实验数据。但如果能在实验报告中详细记录实验失败的过程和认真反思失败原因,可额外加 5 分。

注:原则上同组的学生实验操作分相同。

2. 实验表现(20 分)

有以下行为者,将从其本次实验的实验表现分中扣除相应的分数,扣完为止:上课过程中在实验室追逐、打闹或干扰他人实验,经劝阻后仍不改正的,扣 20 分;上课过程中未经老师许可长时间离开实验室的,扣 20 分;实验过程中不观察实验现象,在一旁玩手机、睡觉、闲聊,经老师提醒后仍不改正的,扣 10 分;实验结束后未经指导老师或实验老师允许便擅自离开实验室的,扣 10 分;实验结束后未将自己的实验台面清理干净的,扣 5 分。

三、最终报告评分标准

1. 实验记录(20 分)

实验记录以表格形式列出,应有"实验时间"、"实验步骤"、"实验现象"、"备注"四个项目。其中"实验时间"一栏计 2 分,须填写各操作步骤所对应的具体时间(有几个步骤就对应几个时间,精确到 min);"实验步骤"一栏计 8 分,应以简明的语言记录本次实验中的实际操作过程,每一步开头用数字编号,合成实验的步骤应不少于三步,步骤过于简单的扣 2~6 分,实验步骤中应记录各试剂的实际用量,缺少的扣 2 分;"实验现象"一栏计 6 分,应详细记录实验过程中发生的各种现象(包括溶解、变色、沉淀、分层、馏分蒸出等),原则上每一个步骤都应有相对应的实验现象,现象记录太简单的扣 2~4 分;"备注"一栏计 4 分,凡涉及有机化学反应的现象,都应在备注栏写出相应的解释(可以用反应方程式说明),因意外和失误导致的实验失败也应在备注中注明。

2. 实验结果与数据处理(5 分)

合成实验必须计算产率,产率要有计算过程,产率计算过程中必须写出原料用量、理论产量、实际产量、产率等项目,缺少的扣 1~4 分;非合成实验的实验结果根据老师的要求书写。

3. 实验总结与讨论(5 分)

结合具体的实验现象和实验中存在的问题进行讨论。写出实验后自己的收获、遇到的困难及解决的方法、实验失败的原因等心得体会。写出对本次实验进一步的想法以及意见和建议等。

4. 思考题(10 分)

实验指导书后的思考题要全做,没做全的扣 5 分,答案有明显错误的扣 2~5 分。

第3章 有机化学实验技术及基本操作实验

3.1 液体有机化合物的分离与提纯

蒸馏是纯化和分离液体有机化合物最常用的方法之一。蒸馏是将液体加热至沸腾,使其变为蒸气,然后将蒸气再冷凝为液体进行收集的操作过程。利用蒸馏操作,不仅可以把挥发性物质与非挥发性物质分离,还可以将沸点不同的混合物质进行分离。实际操作时,常根据分离对象的成分和沸点差异等不同情况,分别采取简单蒸馏、分馏、水蒸气蒸馏及减压蒸馏等操作将其分离纯化。

3.1.1 简 单 蒸 馏

1. 基本原理

物质的蒸气压随温度的升高而增大,当液体的蒸气压与外界大气压相等时,液体就开始沸腾,此时的温度即为该液体的沸点。每种纯液态有机化合物在一定压力下均具有固定的沸点,且沸点距(沸程、沸点范围)很小(0.5~1.0 ℃),因此,蒸馏可用以测定纯液体化合物的沸点。如果蒸馏的对象为液体混合物,并且其组分的沸点相差较大(一般为 30 ℃以上),则可以通过蒸馏将混合物分离开来。蒸馏时,易被冷凝的高沸点物质的蒸气遇冷就凝结成液体重新流回蒸馏瓶中,低沸点液体的蒸气遇冷较难冷凝而被大量蒸馏出来,在冷凝装置的作用下,再由气体冷凝成液体。此时温度在一定时间内变化不大(因为热量用于低沸点液体的汽化),直到蒸馏瓶中的低沸点组分很少时,温度才开始迅速上升,高沸点液体才被大量蒸馏出来,难挥发性杂质始终留在瓶内。因此,收集某一稳定范围的蒸馏液,就可初步将混合物分开,达到纯化或分离的目的。

蒸馏过程一般分为三个阶段,其馏出物分别被称为馏头、馏分和馏尾。

(1)馏头:在达到欲收集物的沸点之前,常有沸点较低的液体流出,这部分馏出液称为馏头或前馏分。

(2)馏分:馏头蒸完之后,温度稳定在沸程内,这时流出欲收集之物,即为馏分。

(3)馏尾:馏分蒸出后温度开始上升所馏出的液体称为馏尾。

因此,进行蒸馏操作时必须注意观察温度计的示数变化,避免馏头或馏尾进入收集液中,影响收集液的纯度。

2. 仪器装置

简单蒸馏的仪器由蒸馏瓶、蒸馏头、温度计、冷凝管、接引管和接收瓶等部分组成。装置如图 3-1 所示。

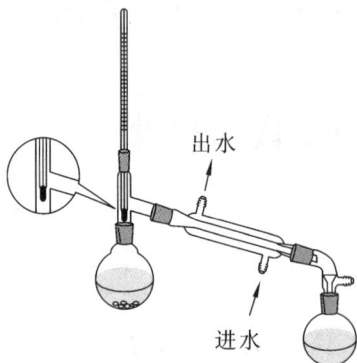

图 3-1　常用简单蒸馏装置

（1）蒸馏器：一般由蒸馏瓶（圆底烧瓶）和蒸馏头组成，待蒸馏液体在烧瓶内受热汽化，蒸气从支管进入冷凝管。选用蒸馏瓶时，其容量应根据待蒸馏液体的体积而定，通常以待蒸馏液体的体积占蒸馏瓶容积的 $1/3\sim2/3$ 为宜。如果加入的液体量太多，则蒸馏时容易导致液体冲出烧瓶，混入馏出液中；如果加入的液体量太少，则蒸馏结束时会有较多的液体残留在烧瓶中难以蒸出。蒸馏头上方磨口处插入温度计套管，用来测量馏分蒸气的温度。

（2）冷凝管：蒸气在此处冷凝为液体，应根据待蒸馏液体的沸点来选择相应的冷凝管。液体的沸点较低时（通常室温下就汽化的），应选用冷却面积较大的蛇形冷凝管；液体的沸点高于室温而低于 140 ℃ 时，应选用直形冷凝管；高于 140 ℃ 时，可以选用空气冷凝管。

（3）接收器：收集冷凝后的液体。一般由接引管和接收瓶两部分组成。

由于仪器部件较多，所占的空间较大，为保护仪器和人身安全，在安装仪器时，应按照"由下而上，由近及远"的原则进行，拆卸仪器时与安装顺序相反进行即可。安装操作步骤如下：

（1）将圆底烧瓶置于垫有石棉网（或铁丝网）的铁圈上，用铁夹夹住（切勿夹得过紧），然后安上蒸馏头。注意垂直放正，烧瓶的高度取决于热源及蒸馏头支管的角度。在有机化学实验中，热源一般使用比较安全且温度控制较精准的加热仪器，如加热套、水浴锅、油浴锅等。如使用酒精灯，以加热时酒精灯火焰的外焰能燃及石棉网为宜。

（2）温度计的安装要使其水银球的上沿与蒸馏头支管口的下沿相齐（见图 3-1）。

（3）在第二个铁架台上，用铁夹夹住冷凝管的中部，比好相对于蒸馏头支管的高度和倾斜度，使冷凝管和蒸馏头支管尽可能在同一直线上，然后松开冷凝管夹，使冷凝管和蒸馏头相连接。

（4）装好接引管（又叫尾接管）和接收瓶。接收瓶可用木块等支垫，整个装置要成一直线，各部分连接处要严密不漏气。

（5）仪器全部安装好后，向冷凝管下口通冷却水，然后加热。

（6）蒸馏完毕后，移去热源，待装置冷却后，依次移开接收瓶、接引管及冷凝管，最后撤去圆底烧瓶。

3. 操作步骤

(1) 加料:将待蒸馏液通过玻璃漏斗小心加入蒸馏瓶中。要注意不能使液体从支管流出。加入几粒沸石,装好温度计套管,并再一次检查整套装置的气密性。

(2) 加热:加热前,按照"下进上出"的原则先将冷凝管通入冷水,然后开始加热。加热时要控制好加热温度,通常使蒸馏速度以每秒 1~2 滴为宜。在整个蒸馏过程中,应使温度计水银球上常有被冷凝的液滴,此时的温度即为液体与蒸气平衡时的温度,温度计的读数就是液体(流出液)的沸点。蒸馏时加热温度不能过高,否则会在蒸馏瓶的颈部造成过热现象,使从温度计读得的沸点偏高;另外,蒸馏也不能进行得太慢,否则由于温度计的水银球不能为流出液蒸气充分浸润,从而使从温度计上读出的沸点偏低或不规则。

(3) 观察温度及馏分收集:在前馏分蒸完,温度稳定后,蒸出的物质就是较纯的,这时应更换一个洁净、干燥的接收瓶接收,并记下这部分液体开始馏出时和最后一滴时温度计的读数,即是该馏分的沸程。在所需要的馏分蒸出后,若维持原来的加热温度,不会有馏分蒸出,并且温度突然下降,这时应该停止蒸馏。注意在蒸馏过程中,即使杂质含量很少,也不能将蒸馏瓶内液体蒸干,以免蒸馏瓶破裂或发生其他意外事故。

(4) 蒸馏完毕:蒸馏完毕后,应先关闭加热电源或熄灭酒精灯、燃气灯,然后停止通水,拆下仪器。拆除顺序与安装顺序相反,先拆下接收瓶,然后拆下接引管、冷凝管、蒸馏头和蒸馏瓶等。

4. 注意事项

(1) 加热浴的过热问题:加热浴温度必须比蒸馏液体的沸点高出若干度,否则不能将蒸馏物蒸出。加热浴温度比沸点高出愈多,蒸馏速度愈快。但加热浴的温度一般最高不能比沸点超出 30 ℃,在沸点很高的场合也绝不能超出 40 ℃。因为加热浴的温度过高,易引起两个现象:一是蒸馏速度太快,整个蒸馏瓶及冷凝管上部的蒸气压超过大气压,容易将上两处的塞子冲开甚至导致烧瓶炸裂,使大量蒸气逸出。如为易燃物质会引起火灾。这一现象在蒸馏低沸点物时尤应注意。二是温度过高易使被蒸馏物过热分解。高沸点的化合物在蒸馏时由于易被冷凝,往往蒸气未达到蒸馏瓶的支管处就已回流冷凝而滴回烧瓶中。此时可更换短颈蒸馏瓶、采取石棉绳绕在蒸馏瓶颈上保温或采用减压蒸馏等办法解决,而不应只是提高加热浴的温度,否则,经过一定时间后,高沸点的液体会因受热过久而分解或变质。

(2) 对被蒸馏物质性质的了解:在蒸馏前要尽可能多地了解被蒸馏物质的性质,例如要知道被蒸馏物质的沸程,在室温下是否易于固化,被蒸馏物质是否易爆等。这样做的目的是针对被蒸馏物质的具体情况,采取具体措施,更好地进行蒸馏操作,避免蒸馏实验失败和危险的发生。

3.1.2　分　馏

利用普通蒸馏分离提纯液体有机化合物时,要求其组分的沸点必须相差 30 ℃以上。而对于沸点相差较小的液体混合物,不能利用简单蒸馏进行分离,这时就必须采用分馏来进行分离,才能取得较好的分离效果。分馏是利用分馏柱,将多次"汽化-冷凝过程"在一次操作中完成的蒸馏方法。

1. 基本原理

用分馏柱进行分馏时,被分馏的溶液在蒸馏瓶中沸腾后,蒸气从蒸馏瓶蒸发进入分馏柱,在分馏柱中部分冷凝成液体。此液体中由于低沸点成分的含量较多,因此其沸点也就比蒸馏瓶中的液体温度低。当蒸馏瓶中的另一部分蒸气上升至分馏柱中时,便和这些已经冷凝的液体进行热交换,使它重新沸腾,而上升的蒸气本身则部分地冷凝,这样就又产生了一次新的液体-蒸气平衡,结果是蒸气中的低沸点成分又有所增加,这一新的蒸气在分馏柱内上升时又冷凝成液体,然后再与另一部分上升的蒸气进行热交换而沸腾。由于上升的蒸气不断地在分馏柱内冷凝和蒸发,而每一次的冷凝和蒸发都使蒸气中低沸点的成分不断增加,因此,可以把蒸气在分馏柱内的上升过程看成反复多次的简单蒸馏,它使蒸气中低沸点的成分比例逐步提高。如果选择适当的分馏柱,从分馏柱的顶部出来的蒸气经冷凝后得到的液体,可能是纯的低沸点成分或者是低沸点占主要成分的流出物。

为了解分馏的原理,最好应用恒压下的沸点-组成曲线图(称为相图,表示这两组分体系中相的变化情况)。通常它是用实验测定在各温度下气液平衡状况下的气相和液相的组成,然后以横坐标表示组成(x)、纵坐标表示温度(t)而作出的图(如果是理想溶液,则可直接通过计算作出)。图 3-2 即为标准大气压下,苯-甲苯溶液的沸点-组成曲线图。

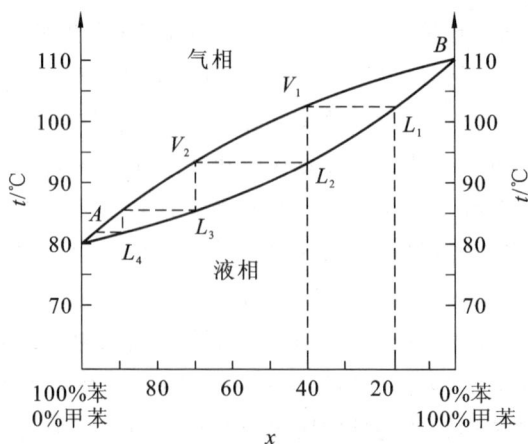

图 3-2　苯-甲苯溶液的沸点-组成曲线图

从图 3-2 中可以看出,由苯 20% 和甲苯 80% 组成的液体(L_1),在 102 ℃时沸腾,和此液相平衡的蒸气(V_1)组成约为苯 40% 和甲苯 60%。若将此组成的蒸气冷凝成同组成的液体(L_2),则与此溶液成平衡的蒸气(V_2)组成约为苯 68% 和甲苯 32%。显然,如此继续重复,即可获得接近纯苯的气相。

在分馏过程中,有时可能得到与单纯化合物相似的混合物,它也具有固定的沸点和固定的组成,气相和液相的组成也完全相同,因此不能用分馏法进一步分离。这种混合物称为共沸混合物(或恒沸混合物)。共沸混合物虽然不能用分馏来进行分离,但它不是化合物,它的组成和沸点随着压力而改变。可以用其他方法破坏共沸组分后,再分馏就可以得到纯粹的组分。

分馏效果的好坏取决于分馏柱的分馏效率,分馏柱的分馏效率与柱的高度、绝热性能、填料类型等因素有关。分馏柱是一根长而直的柱状玻璃管,柱子中间常常填装特制的填料。填料通常是玻璃珠或玻璃环,其目的是增加气液接触面积,提高分馏效果。实验室常用的分馏柱有韦氏(Vigreux)分馏柱和赫姆帕(Hempel)分馏柱(图 3-3)。前者又称刺形分馏柱,柱管内有许多刺状物;后者管内装填许多填料(玻璃珠、玻璃环、陶瓷等)。实验室中分离提取少量的液体混合物时,常选用韦氏分馏柱,它的优点是黏附在柱内的液体少,但缺点是分离效率比填料柱的低。为使分馏柱内保持一定的温度梯度,加热不能过猛,蒸馏速度不能太快;为减少热量损失,防止液体在柱内集聚,需要在柱外采取保温措施(在分馏柱外面包裹棉花或者石棉等保温材料)。

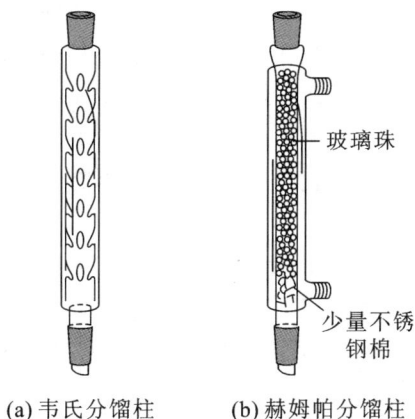

(a)韦氏分馏柱　　　(b)赫姆帕分馏柱

图 3-3　韦氏分馏柱和赫姆帕分馏柱

2. 仪器装置

实验室中简单的分馏装置包括热源、蒸馏瓶、分馏柱、冷凝管和接收器五部分,如图 3-4 所示。其安装操作与简单蒸馏装置类似,自下而上,先夹住蒸馏瓶,再装上韦氏分馏柱和蒸馏头。调节夹子使分馏柱垂直,装上冷凝管并在合适的位置夹好夹子,夹子一般不宜夹得太紧,以免用力过大造成仪器破损。连接接引管并用扣夹或橡皮筋固定,再将接收瓶与接引管用扣夹或橡皮筋固定。如接收瓶过大或分馏过程中需要接收较多的蒸出液,则最好在接收瓶底垫上用铁圈支持的石棉网,以免发生意外。

3. 操作步骤

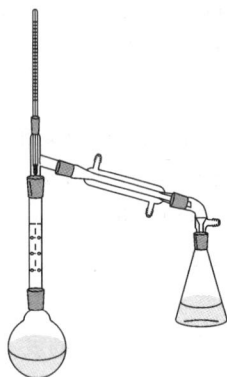

图 3-4　简单分馏装置

简单分馏操作和蒸馏大致相同。实验时,将待分馏的混合物放入圆底烧瓶中,加入沸石,并选用合适的热浴加热。分馏柱的外围可用石棉绳包住,这样可减少分馏柱内热量的散发,减小风和室温的影响。液体沸腾后要注意调节浴温,使蒸气慢慢升入分馏柱,10~15 min后蒸气到达柱顶(可用手摸柱壁,若烫手,表示蒸气已达该处)。在有馏出液滴入后,调节浴温使得蒸出液体的速度控制在每 2~3 s 一滴,这样可以得到比较好的分馏效果。待低沸点组分蒸完后,再渐渐升高温度。当第二个组分蒸出时,沸点会迅速上升。上述情况是假定分馏体系有可能将混合物的组分进行严格的分馏。如果不是这种情况,一般会有相当多的中间馏分(除非待分馏物组分沸点相差较大)。

4. 注意事项

(1) 应根据被分馏混合物的沸点差选择合适的分馏柱。

(2) 分馏要缓慢进行,使分馏柱内的气液相广泛、密切地接触,以利于热量的传递。因此必须选择好合适的热浴,一般以油浴为佳。

(3) 选择好合适的回流比,使有相当数量的液体流回烧瓶中去。

(4) 尽量减少分馏柱的热量损失,通常可在分馏柱外裹以石棉绳、石棉布或玻璃棉等保温材料。

3.1.3　水蒸气蒸馏

水蒸气蒸馏,是将水蒸气通入不纯的有机物中,或将要蒸馏的有机物与水一起共热至沸,使要提纯的物质在低于 100 ℃ 的温度下随水蒸气一起蒸馏出来,从而达到分离提纯的目的。这种方法可以用于提取各种天然产物如香精油、生物碱等。

1. 基本原理

根据道尔顿(Dalton)分压定律,水和另一物质(B)共热时,整个体系的蒸气压(p)等于各组分蒸气压之和,即

$$p=p_{H_2O}+p_B$$

当混合物中各组分的蒸气压总和等于外界大气压时,混合物就开始沸腾,此时的温度即为它们的沸点。因此,混合物的沸点低于任何一组分的沸点。例如,水的沸点是100 ℃,甲苯的沸点是 110.8 ℃,当混合物在一起进行蒸馏时,沸点为 84.1 ℃,因为在此温度下水的蒸气压为 421.6 mmHg(1 mmHg=133.322 Pa),甲苯为 338.4 mmHg,两者蒸气压之和等于 760 mmHg,故沸腾。因此可以看出,利用本法可以在低温下蒸出沸点

较高的化合物。理论上,馏出液中有机物的质量 m_B 和水的质量 m_{H_2O} 之比等于两者的分压力之比 p_B / p_{H_2O} 与各自的摩尔质量之比 M_B / M_{H_2O} 的乘积,即

$$\frac{m_B}{m_{H_2O}} = \frac{M_B p_B}{M_{H_2O} p_{H_2O}}$$

根据此关系式,可以计算出某有机物用水蒸气蒸馏法蒸馏的效率。如蒸馏甲苯的水溶液时,馏分中质量比

$$\frac{m_{甲苯}}{m_{H_2O}} = \frac{M_{甲苯} p_{甲苯}}{M_{H_2O} p_{H_2O}} = \frac{338.4 \text{ mmHg} \times 92 \text{ g/mol}}{421.6 \text{ mmHg} \times 18 \text{ g/mol}} = \frac{100}{24.4}$$

即每蒸出 24.4 g 水,能带出 100 g 甲苯,甲苯占馏出液的 80.4%。

由上述原理可见,使用水蒸气蒸馏提纯分离的有机物应具备以下条件:

(1) 不溶或微溶于水;

(2) 长时间与水共沸不发生化学反应;

(3) 在 100 ℃ 左右时,必须具有一定的蒸气压(至少 5 mmHg)。

2. 仪器装置

水蒸气蒸馏装置主要由水蒸气发生器、蒸馏部分、冷凝部分和接收部分组成。整套装置如图 3-5 所示。

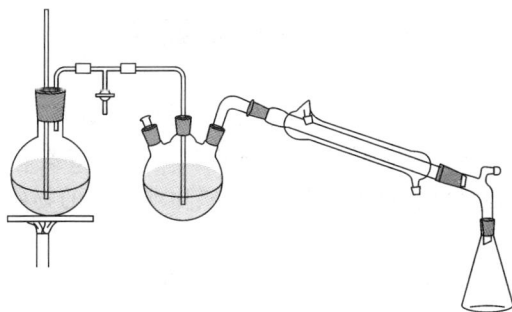

图 3-5　水蒸气蒸馏装置

(1) 水蒸气发生器:一般由金属制成,实验室可用 100 mL 锥形瓶或烧瓶代替。使用时其内盛水量不宜超过其容积的 2/3。瓶口配一个双孔软木塞,一孔插入长约 50 cm、内径约为 5 mm 的玻璃管作为安全管,以调节发生器内部的压力;另一孔插入内径约为 8 mm 的水蒸气导出管。水蒸气导出管通过橡皮管与一个 T 形管连接,在 T 形管下端连一根用螺旋夹夹紧的橡皮管,以便及时除去冷凝水。

(2) 蒸馏部分:由三口烧瓶和二口连接管组成。待蒸馏物质置于三口烧瓶中,蒸馏时水蒸气通过导出管进入三口烧瓶,将待蒸馏物质加热至沸而汽化,三口烧瓶中液体量不宜超过容积的 1/2。二口连接管用来连接三口烧瓶与冷凝管。

(3) 冷凝部分和接收部分:与普通蒸馏装置相同。

3. 操作步骤

按照装置图(图 3-5)安装好仪器后,先把 T 形管上的螺旋夹打开,加热水蒸气发生

器,使水迅速沸腾;当有水蒸气从 T 形管的支管冲出时,再旋紧螺旋夹,让水蒸气通入三口烧瓶中;与此同时,接通冷却水,用锥形瓶收集馏出物。蒸馏完毕,应先打开 T 形管上的螺旋夹,然后才能停止加热,把馏出液倒入分液漏斗中,静置分层,将水层弃去。

4. 注意事项

(1) 蒸馏过程必须控制加热速度,使蒸气能全部在冷凝管中冷凝下来。如果随水蒸气挥发的物质具有较高的熔点,在冷凝后易析出固体,则应调小冷凝水的流速,使它冷凝后仍然保持液态。假如已有固体析出,并接近阻塞,可暂时停止冷凝水的流动,甚至需要将冷凝水从冷凝管夹套中暂时放掉,以使物质熔融后随水流入接收瓶中。必须注意,当重新通入冷凝水时,要小心而缓慢,以免冷凝管因骤冷而破裂。万一冷凝管已被阻塞,应立即停止蒸馏,并设法疏通(如用玻璃棒将阻塞的晶体捅出或用电吹风的热风吹化结晶,也可以在冷凝管夹套中灌以热水使之熔出)。

(2) 在蒸馏需要中断或蒸馏完毕后,一定要先打开 T 形管的螺旋夹通大气,然后方可停止加热,否则蒸馏瓶中的液体会倒吸到水蒸气发生器中。在蒸馏过程中,如发现安全管中的水位迅速上升,则表示系统中发生了阻塞。此时应立即打开螺旋夹,然后移去热源,待排除了阻塞后再继续进行水蒸气蒸馏。

3.1.4　减压蒸馏

在低于大气压力的条件下进行蒸馏的操作过程称为减压蒸馏,也称为真空蒸馏。减压蒸馏是分离和提纯液体或低熔点固体有机物的一种重要方法,它特别适用于那些在常压下蒸馏时未达到沸点就已受热分解、氧化或聚合的物质。

1. 基本原理

由于液体的沸点随外界压力的降低而降低,因此将容器内压力降低,就可以使液体物质在较低的温度下沸腾而被蒸馏出来。一般高沸点有机物当压力降低到 2666 Pa时,沸点比常压下低 100～120 ℃,也可通过沸点-压力经验计算图(图 3-6)近似地推算出高沸点物质在不同压力下的沸点。例如,常压下沸点为 250 ℃ 的某有机物,减压到10 mmHg 时沸点应该是多少? 可先从图 3-6 中 B 线(中间的直线)上找出 250 ℃ 的点,将此点与 C 线(右边直线)上 10 mmHg 的点连成一直线,延长此直线与 A 线(左边的直线)相交,交点所示的温度就是 10 mmHg 时该有机物的沸点,约为 110 ℃。此沸点虽然为估计值,但较为简便,有一定参考价值。

2. 仪器装置

减压蒸馏装置由蒸馏、抽气以及在它们之间的测压和保护系统三部分组成,如图 3-7 所示。

(1) 蒸馏部分。减压蒸馏可以使用减压蒸馏瓶,又称克氏(Claisen)蒸馏瓶,在磨口仪器中用克氏蒸馏头配圆底烧瓶代替,如图 3-7 所示。克氏蒸馏头(C)有两个颈,其目的是避免减压蒸馏时瓶内液体由于沸腾而冲入冷凝管中。一个颈中插入温度

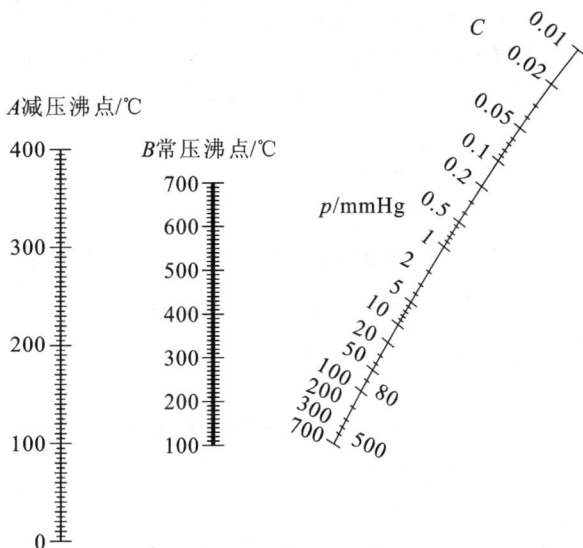

图 3-6　沸点-压力经验计算图

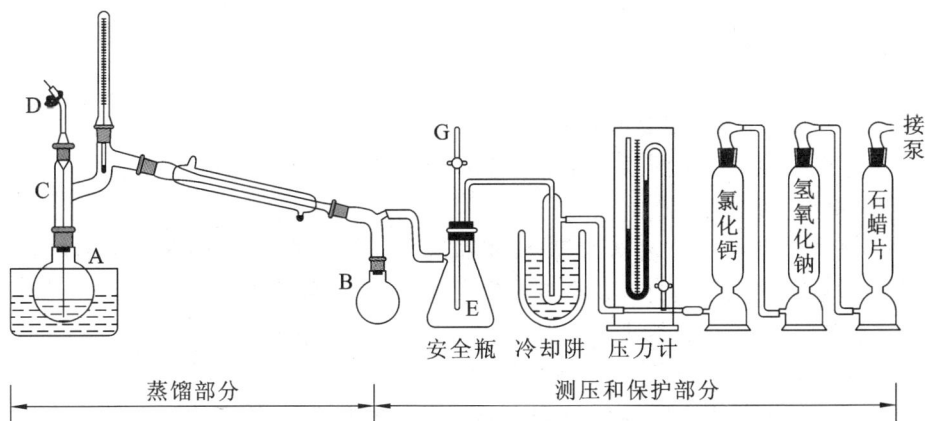

图 3-7　减压蒸馏装置

计,另一个颈中向烧瓶中插入一根末端拉成毛细管的厚壁玻璃管,毛细管口距瓶底 1~2 mm,在毛细管的上端套一段带螺旋夹的橡皮管。螺旋夹 D 是用来调节进入真空系统的空气流量及气泡产生速度的,以便有极少量空气进入烧瓶,呈小气泡冒出,代替沸石作为液体的汽化中心,以防止暴沸。除使用毛细管外,还可以使用磁力搅拌器防止暴沸。减压蒸馏的接收器部分,通常使用蒸馏烧瓶或抽滤瓶,若要在不中断蒸馏的情况下收集不同馏分,可采取多头接液管进行收集。

　　(2) 抽气部分。实验室常用水泵进行减压。在水压很大时,水泵可以把压力降低到 2.0~2.7 kPa。这对一般的减压蒸馏来说已经足够了。如需更低的压力,则可使用油泵减压,油泵一般可以把压力降低到 267～533 Pa,有的甚至能降到 13.3 Pa。

（3）测压及保护部分。一般由安全瓶、冷却阱、吸收塔和水银压力计等组成。安全瓶常用较大的抽滤瓶充当,它的作用是使仪器装置内的压力不发生突然变化。冷却阱的作用是将水蒸气和一些挥发性物质冷凝。吸收塔是用来除去水蒸气或其他对油泵有害的气体,通常设两个,氯化钙用来除去残余水蒸气,氢氧化钠用来吸收酸性气体。有时为了除去烃类气体,也可再加装一个石蜡片的吸收塔。当用油泵进行减压时,为了保护油泵,必须在馏液接收器与油泵之间顺序安装冷却阱和几种吸收塔,以免污染油泵,腐蚀机件,致使真空度降低。

3. 操作步骤

（1）准备操作：

① 将需要蒸馏的物质加入蒸馏瓶中,保证其体积不超过烧瓶容积的 1/2,按图 3-7装好仪器,确保所有接头处连接紧密。

② 打开安全瓶玻璃磨口活塞后启动真空泵。

③ 逐步拧紧毛细管上端橡皮管的螺旋夹,使橡皮管近乎关闭。

④ 慢慢关闭安全瓶玻璃活塞 G,注意通过毛细管产生的气泡不可太剧烈或太慢。调节螺旋夹,使液体中能形成细小而稳定的气泡流,观察所获得的压力,直到达到预想的真空时才开始蒸馏。

（2）开始蒸馏：

① 开启冷却水后,给蒸馏瓶加热。

② 记录蒸馏过程中的温度及压力范围,控制蒸馏速度为每秒 1～2 滴。

（3）更换接收瓶：

① 蒸馏过程中,当一种新的组分（相同压力下的高沸点部分）开始蒸馏出来时,需要及时更换,必须慢慢打开安全瓶玻璃活塞,并立即降低热源。为了防止毛细管中的液体过度回缩,可将螺旋夹打开,然后换上另一个接收瓶。

② 关闭安全瓶玻璃活塞,让系统有数分钟时间重新恢复减压状态。

③ 将螺旋夹适当夹紧,此时毛细管中的液体被驱出,气泡便连续出现。

④ 升高热源,继续蒸馏。当温度下降时,通常表示蒸馏过程完成。此时,慢慢打开螺旋夹及安全瓶玻璃活塞,关掉真空泵,移去接收瓶,拆卸仪器并进行清洗。

4. 注意事项

（1）不要使用薄壁或者有裂缝的玻璃仪器进行减压蒸馏,也不要使用锥形瓶作为接收瓶。

（2）仪器连接处的磨口表面均应涂上真空脂,在保证气密性的同时,防止粘连难以拆开。

（3）若用水泵减压,则不需要接各种吸收塔,只接安全瓶。

（4）当被蒸馏物中含有低沸点的物质时,应先进行普通蒸馏以蒸出大部分低沸点物质,然后用水泵减压蒸去剩余的少量低沸点物质,最后再用油泵减压蒸馏。

3.2　萃　　取

萃取是利用物质在两种互不相溶(或微溶)的溶剂中溶解度或分配系数的不同,使物质从一种溶剂(原溶剂)内转移到另外一种溶剂(萃取剂)中。经过反复多次萃取,将绝大部分的化合物转移到萃取剂中,然后结合蒸馏等手段将该化合物提取出来。

溶剂萃取工艺过程一般分为萃取、洗涤和反萃取三种情况。一般将有机相提取水相中溶质的过程称为萃取(extraction),水相去除有机相中其他溶质或者包含物的过程称为洗涤(scrubbing),水相提取有机相中溶质的过程称为反萃取(stripping)。

1. 基本原理

分配定律是萃取方法的主要理论依据,源于物质对不同的溶剂有着不同的溶解度。同时,在两种互不相溶的溶剂中,加入某种可溶性的物质时,它能分别溶解于两种溶剂中。实验证明,在一定温度和压力下,当该化合物与此两种溶剂不发生分解、电解、缔合和溶剂化等作用时,此化合物在两液层中溶解量之比是一个定值,被称为分配系数。不论所加物质的量是多少,分配系数保持不变。

分配系数属于物质的物理常数,可以用公式表示如下:

$$C_A/C_B = K$$

式中:C_A、C_B 分别表示一种物质在两种互不相溶的溶剂中的浓度;K 是分配系数。

要把所需要的溶质从溶液中完全萃取出来,通常萃取一次是不够的,必须重复萃取数次。利用分配定律可以计算出经过萃取后原液中化合物的剩余量。例如:设 V 为原液的体积,W_0 为萃取前化合物的总量,W_1 为萃取 1 次后化合物的剩余量,W_2 为萃取 2 次后化合物的剩余量,W_n 为萃取 n 次后化合物的剩余量,S 为萃取剂的体积。

经 1 次萃取,原液中该化合物的浓度为 W_1/V,而萃取剂中该化合物的浓度为 $(W_0-W_1)/S$,两者之比等于 K,即

$$K = \frac{W_1/V}{(W_0-W_1)/S}$$

经整理得

$$W_1 = \frac{KV}{KV+S}W_0$$

同理,经过 2 次萃取后,则有

$$K = \frac{W_2/V}{(W_1-W_2)/S}$$

经整理得

$$W_2 = W_0\left(\frac{KV}{KV+S}\right)^2$$

经 n 次提取后,则有

$$W_n = W_0\left(\frac{KV}{KV+S}\right)^n$$

2. 仪器装置

萃取操作使用的仪器主要包括分液漏斗、烧杯和铁架台,装置如图 3-8 所示。其

中,分液漏斗主要由瓶体和顶塞(上活塞)、旋塞(下活塞)组成。

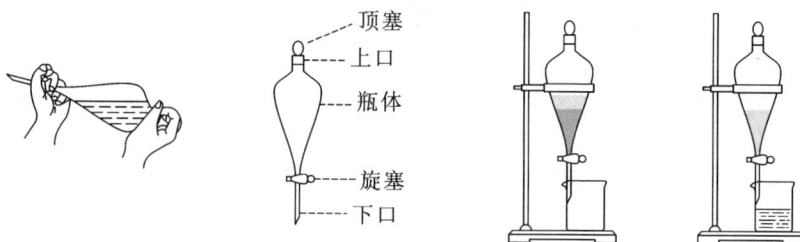

图 3-8　萃取装置

3. 操作步骤

1)准备

根据"互不相溶、互不反应"的原则选择萃取剂,最好选用低沸点溶剂。一般水溶性较小的物质可用石油醚萃取,水溶性较大的可用苯或乙醚,水溶性极大的用乙酸乙酯。加料前必须先检查分液漏斗的顶塞和旋塞是否严密,通常方法是加入一定量的水,振荡,看是否泄漏。

2)加料

将旋塞旋至关闭状态,将被萃取溶液和萃取剂分别从分液漏斗的上口倒入,注意漏斗内的液体总量不能超过容积的 1/2,塞上顶塞。

3)振荡

把分液漏斗倾斜,使漏斗的上口略朝下,用右手压住顶塞,左手拇指、食指和中指夹住旋塞,用力来回振荡,或将分液漏斗反复倒转并振荡,使两相液层充分接触,液体混为乳浊液。

4)放气

振荡后,让分液漏斗仍保持倾斜状态,旋开旋塞,放出蒸气或产生的气体,常可听见轻微气鸣声,使内外压力平衡。

5)静置

将分液漏斗置于铁架台上,静置。静置的目的是使不稳定的乳浊液分层。一般情况下须静置 10 min 左右,较难分层者须静置更长时间。

6)分液

漏斗下放一接收容器(如烧杯)。先打开分液漏斗的顶塞,然后打开旋塞,使下层液体慢慢流入接收容器里。下层液体流完后,关闭旋塞。上层液体从漏斗上口倒入另外的容器里。

4. 注意事项

(1)如果有机物或萃取剂在水里的溶解度较大,在萃取时往往会出现分层不明显的情况。这时可在水溶液中加入一定量的电解质(如氯化钠),利用盐析效应来降低有机物和萃取剂在水中的溶解度,提高萃取效果。

(2) 不要使用有泄漏的分液漏斗,以保证操作安全。

(3) 振荡时用力要大,但同时必须把分液漏斗顶塞和旋塞压紧,防止液体泄漏。

(4) 放气时切记分液漏斗的上口要倾斜朝下,而下口处不要有液体。

(5) 在萃取时,若因溶液呈碱性而产生乳化,可加入少量的稀盐酸或采用过滤等方法消除。根据不同情况,还可以加入乙醇、磺化蓖麻油等消除乳化。

(6) 放液时,下层液体从分液漏斗下口放出,上层液体必须从分液漏斗上口倒出,而不要从下口放出。

3.3　固体有机物的分离与提纯

3.3.1　蒸　　发

蒸发是分离已溶解固体与溶剂的常用手段。有机化学实验中常使用旋转蒸发仪在减压条件下连续蒸馏大量易挥发性溶剂。尤其对萃取液的浓缩和色谱分离时的接收液的蒸馏,可以分离和纯化反应产物。其基本原理就是减压蒸馏,也就是在减压情况下,当溶剂蒸馏时,蒸馏烧瓶在连续转动。

旋转蒸发仪的结构(图 3-9):蒸馏烧瓶是一个带有标准磨口的茄形或圆底烧瓶,通过一高度回流蛇形冷凝管与减压泵相连,回流冷凝管另一开口与带有磨口的接收

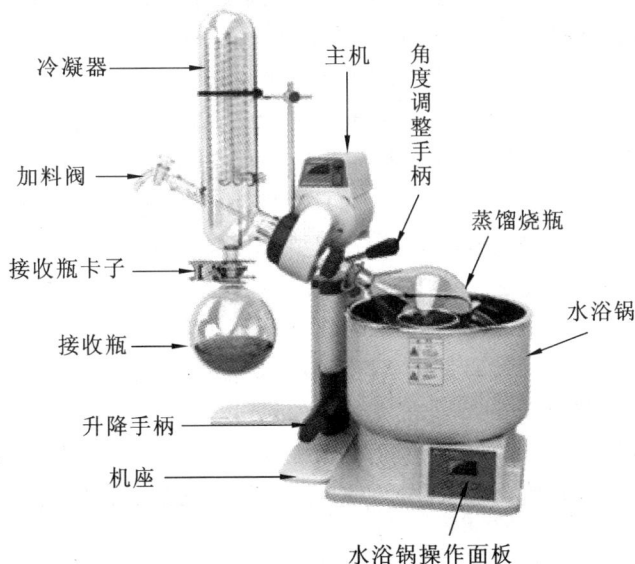

图 3-9　旋转蒸发仪

瓶相连,接收瓶用于接收被蒸发的有机溶剂。在冷凝管与减压泵之间有一个三通活塞,当体系与大气相通时,可以将蒸馏烧瓶、接收瓶取下,转移溶剂,当体系与减压泵相通时,则体系处于减压状态。使用时,应先减压,再开动电动机转动蒸馏烧瓶;结束时,应先停机,再通大气,以防蒸馏烧瓶在转动中脱落。作为蒸馏的热源,常配有相应的恒温水槽。

3.3.2　过　　滤

过滤是分离液固混合物的常用方法。过滤可分为普通过滤、减压过滤、热过滤等。根据液固体系的性质不同,采用不同的过滤方法。过滤后有时需要对固体进行洗涤。

1. 普通过滤

普通过滤通常使用长颈玻璃漏斗。普通过滤装置如图 3-10 所示。采用滤纸进行过滤时,放进漏斗的滤纸,其边缘应该比漏斗的边缘略低,过滤前先把滤纸润湿使其紧贴漏斗壁。倾入漏斗的液体,其液面应比滤纸的边缘低 1 cm,倾入液体时应使用玻璃棒进行引流。过滤有机液体的大颗粒干燥剂时,也可在漏斗颈部的上口轻轻地放少量疏松的棉花或玻璃毛,以代替滤纸。如果过滤的沉淀物粒子细小或具有黏性,应该首先将溶液静置,然后过滤上层的澄清部分,最后把沉淀移到滤纸上,这样可以使过滤速度加快。

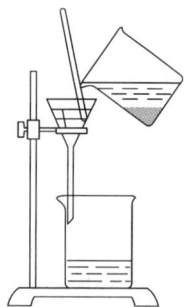

图 3-10　普通过滤装置

过滤操作时要注意“一贴、二低、三靠”的原则。“一贴”,即指滤纸要紧贴漏斗壁,用水润湿并挤出气泡,如果有气泡会影响过滤速度。“二低”,一是指滤纸的边缘要稍低于漏斗的边缘;二是指在整个过滤过程中要始终注意被过滤液体的液面不要高出滤纸的边缘,否则液体会从滤纸与漏斗之间的间隙直接流到漏斗下边的接收器中,与滤液混在一起,没有达到过滤的目的。“三靠”,首先是倾倒液体的烧杯口要紧靠玻璃棒,使液体顺着玻璃棒缓缓流下,避免液体飞溅;其次是玻璃棒下端要靠在三层滤纸一边,如果紧靠一层滤纸处,万一玻璃棒把湿的滤纸戳破,液体就会顺着漏斗与滤纸间的夹缝流下,导致过滤失败;最后是漏斗下端管口的尖嘴要紧靠承接滤液的烧杯内壁,使滤液顺着烧杯内壁流下,以免滤液从烧杯中溅出。

如过滤后滤液仍混浊,可能原因是滤纸破损(会使得液体中的不溶物进入下面的烧杯)、液面高于滤纸边缘(会使部分液体未经滤纸的过滤直接流下)或盛接滤液的烧杯不干净等。

2. 减压过滤

减压过滤又称抽气过滤、吸滤、抽滤,是利用真空泵或抽气泵将抽滤瓶中的空气抽走而产生负压,使过滤速度加快。减压过滤的优点是过滤和洗涤的速度快,液体和固体分离得较完全,滤出的固体容易干燥,因此在有机化学实验中会经常使用。

减压过滤装置由真空泵、布氏漏斗、抽滤瓶组成。减压过滤通常使用瓷质的布氏漏斗,配以橡皮塞,装在抽滤瓶上(图 3-11(a))。也可以使用成套供应的玻璃仪器,其中漏斗与抽滤瓶间是通过磨口连接的。抽滤瓶的支管则用橡皮管与抽气装置连接。抽气装置使用移动式或手提式的循环水真空泵最为方便,如非必要不要使用油泵。若用水泵,抽滤瓶与水泵之间最好连接一个配有二通旋塞的广口瓶作为缓冲瓶,防止水的倒吸。若用油泵,则抽滤瓶与油泵之间必须连接缓冲瓶和吸收水汽的干燥装置以保护油泵。

减压过滤一般使用滤纸来进行,如要过滤强酸性或强碱性溶液,则应在布氏漏斗上铺玻璃布或涤纶布、氯纶布来代替滤纸。使用滤纸时,滤纸应剪成比漏斗的内径略小,但要能够完全盖住所有的小孔。过滤时,应先用溶剂把平铺在漏斗上的滤纸润湿,然后开动泵抽气使滤纸紧贴在漏斗上,再小心地把要过滤的混合物倒入漏斗中。为了加快过滤速度,可先倒入清液,然后使固体均匀地分布在整个滤纸面上,一直抽气到几乎没有液体滤出时为止。为了尽量把液体除净,可用玻璃瓶塞压挤过滤的固体——滤饼。

把滤饼尽量地抽干、压实、压平后,拔掉抽气的橡皮管,使抽滤瓶内恢复常压,把少量溶剂均匀地洒在滤饼上,使溶剂恰好能盖住滤饼。静置片刻,使溶剂渗透滤饼,待有滤液从漏斗下端滴下时,重新抽气,再次把滤饼尽量抽干、压实。这样反复几次,就可把滤饼洗净。注意:在停止抽滤时,应该先拔去抽气的橡皮管,然后关闭抽气泵。洗涤时注意不要让滤纸的边缘翘起,以保证抽滤时密封。

微量物质的减压过滤采用带玻璃钉的小漏斗组成的过滤装置(图 3-11(b))。

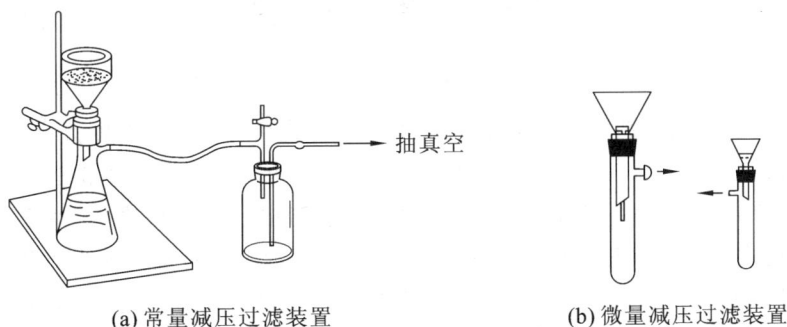

(a) 常量减压过滤装置　　　　　　　(b) 微量减压过滤装置

图 3-11　减压过滤装置

3. 热过滤

当需要除去热、浓溶液中的不溶性杂质,而又不能让溶质析出时,一般采用热过滤。热过滤可以采用热水漏斗(铜制夹套)进行,即将热水漏斗套在玻璃漏斗外层,往夹套内注入其容积 2/3 的热水,用热源加热夹套,进行过滤。如果重结晶时使用了有机溶剂,为安全起见不要直接加热。应选用短径的玻璃漏斗来进行热过滤,以免过滤时溶质在细管处降温析出堵塞漏斗。为加快过滤速度,常使用折叠式滤纸进行过滤。过滤前还应准备隔热用的耐高温手套、毛巾或烧瓶夹。

　　热过滤的基本操作与普通过滤基本相同,要注意控制待过滤液体加入的速度,在漏斗中的液体不宜太多。随时注意观察漏斗中有无晶体析出,如果有的话,可加入少量热溶剂溶解,收集滤液后再继续过滤。待过滤液体最好保持微沸的状态,如果是饱和溶液,为避免溶剂蒸发导致结晶析出,可补加不超过总量 10% 的热溶剂再进行过滤。过滤时不要直接用手取盛有待过滤液体的容器,以免烫伤,应使用隔热用的耐高温手套、毛巾或烧瓶夹来取。

　　热过滤也可以使用布氏漏斗进行,过滤前把布氏漏斗放在热水浴或烘箱中进行预热,然后趁热进行减压过滤。

　　热过滤装置如图 3-12 所示。

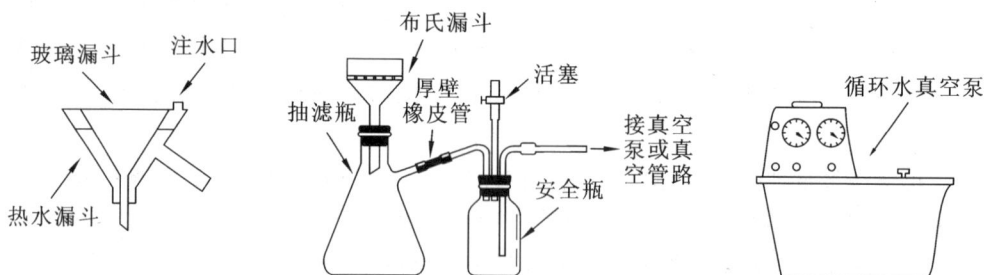

图 3-12　热过滤装置

3.3.3　重　结　晶

1. 基本原理

　　固体混合物在溶剂中的溶解度与温度有密切关系。一般是温度升高时,溶解度增大;降低温度时,溶解度减小。重结晶是利用固体在某种溶剂中的溶解度随温度变化有明显差异,先把固体溶解在热的溶剂中达到饱和状态,然后冷却,由于溶解度降低,溶液变成过饱和状态而析出晶体。总而言之,利用溶剂对被提纯物质及杂质的溶解度不同,可以使被提纯物质从过饱和溶液中析出,而让杂质全部或大部分仍留在溶液中;若杂质在溶剂中的溶解度极小,则配成饱和溶液后过滤除去,从而达到提纯目的。

　　以含有目标物 A 和杂质 B 的混合物为例。设 A 和 B 10 ℃时在某溶剂中的溶解度都是 1 g/100 mL,100 ℃时溶解度为 10 g/100 mL。若该混合物样品中含有 9 g A 和 2 g B,将这个样品用 100 mL 溶剂在 100 ℃下溶解,A 和 B 可以完全溶解于溶剂中。将其冷却到 10 ℃,则有 8 g A 和 1 g B 从溶液中析出。过滤,剩余溶液(通常称为母液)中还溶有 1 g A 和 1 g B。再将析出的 9 g 晶体依上法溶解、冷却、过滤,又得到 7 g 结晶,这已是纯的 A 物质了,母液又带走了 1 g A 和 1 g B。这样在损失了 2 g A 的前提下,通过 2 次结晶得到了纯净的 A。一般重结晶适用于纯化杂质含量在 5%以下的固体有机混合物。

2. 仪器装置

重结晶操作主要使用以下仪器:热水漏斗、布氏漏斗、抽滤瓶、安全瓶、循环水真空泵、玻璃漏斗、酒精灯。装置如图 3-12 所示。

1)热水漏斗

将短颈玻璃漏斗放置于铜制的热水漏斗内,热水漏斗用酒精灯加热,或者直接装入热水,从而可以较长时间维持溶液的温度。热水漏斗内部的玻璃漏斗的颈部要尽量短些,以免过滤时溶液在漏斗颈内停留过久,散热降温,析出晶体堵塞漏斗颈。

2)布氏漏斗

布氏漏斗与抽滤瓶配套使用。使用前,先用水把滤纸润湿,抽一下,使滤纸紧靠在漏斗底端,可以防止待过滤的东西漏掉。倒入滤液,抽气时可以稍微搅拌,只剩下滤出物质。

3)安全瓶

开始抽滤时,先开启循环水真空泵,然后关闭安全瓶上的活塞,将滤纸吸紧;结束抽滤时,先打开安全瓶上的活塞,然后关闭循环水真空泵。这样可以有效避免水泵里的水倒吸到抽滤瓶中。

4)循环水真空泵

(1)准备工作。将循环水真空泵平放在工作台上,首次使用时,打开水箱上盖注入清洁的凉水(亦可经由放水软管加水),当水面即将升至水箱后面的溢水嘴时停止加水,重复开机时可不再加水。每周至少更换一次水,如水质污染严重、使用率高,则须缩短更换水的时间,保持水箱中的水质清洁。

(2)抽滤。将安全瓶上的抽气管紧密套接于循环水真空泵抽气嘴上,接通电源,即可开始抽滤操作,通过与抽气嘴对应的真空表可观察真空度。

(3)当循环水真空泵长时间连续工作时,水箱内的水温将会升高,影响真空度,此时,可将放水软管与水源(自来水)接通,溢水嘴作为排水出口,适当控制自来水流量,即可保持水箱内水温不升高,使真空度保持稳定。

3. 操作步骤

1)溶剂选择

在进行重结晶时,选择溶剂是一个关键,理想的溶剂应具备下列条件:

(1)不与被提纯物质起化学反应。

(2)被提纯物质在该溶剂中的溶解度随温度变化较大。

(3)杂质的溶解度非常大或者非常小(前一种情况是要使杂质留在母液中,不随被提纯物晶体一同析出；后一种情况是使杂质在热过滤的时候被滤去）。

（4）能使被提纯物质析出较好的晶体。

（5）容易挥发（溶剂的沸点较低），易与结晶分离除去。

（6）无毒或毒性很小，便于操作。

（7）价廉易得。

2）溶解

原则上为减少目标物遗留在母液中造成的损失，在溶剂的沸腾温度下溶解混合物，并使之形成饱和溶液。为此将混合物置于烧瓶中，滴加溶剂，加热到沸腾。不断滴加溶剂并保持微沸，直到混合物恰好溶解。在此过程中要注意混合物中可能有不溶物，防止加入过多的溶剂。

溶剂应尽可能不过量，但这样在热过滤时，会因冷却而在漏斗中出现结晶，引起很大的麻烦和损失。综合考虑，一般可比需要量多加 20％甚至更多一点的溶剂。

3）除杂质

热溶液中若还含有不溶物，应在热水漏斗中使用短而粗的玻璃漏斗趁热过滤。过滤时使用折叠滤纸。溶液若有不应出现的颜色，待溶液稍冷后加入活性炭，煮沸 5 min 左右脱色，然后趁热过滤。活性炭的用量一般为固体粗产物的 1％～5％。

4）析出晶体

将收集的热滤液静置，让其缓缓冷却（一般要几小时后才能完全），不要骤冷滤液，因为这样形成的结晶会很细、表面积大，吸附的杂质多。有时晶体不易析出，则可用玻璃棒摩擦器壁或加入少量该溶质的晶体，引入晶核，也可放置在冰水中冷却，促使晶体较快地析出。

5）收集和洗涤晶体

把晶体通过抽滤从母液中分离出来。用少量溶剂润湿晶体，继续抽滤，最后进行干燥。

6）干燥晶体

纯化后的晶体，可根据实际情况自然晾干或用烘箱烘干。

4．注意事项

（1）加热溶解时注意加入沸石，控制加热功率防止暴沸。

（2）用活性炭脱色时，应在溶液降温至沸点以下几度再加入活性炭防止爆沸。

（3）在热过滤时，整个操作过程要迅速，否则漏斗一凉，在滤纸上和漏斗颈部结晶，操作将无法进行。

（4）冷却结晶时，温度不能下降过快，否则结晶状态和杂质去除效果变差。

（5）抽滤时，滤纸不应大于布氏漏斗的底面。最好采用分级过滤方法，防止滤材堵塞。洗涤用的溶剂量应尽量少，以避免晶体大量溶解损失。

（6）停止抽滤时,先将抽滤瓶与安全瓶之间的橡皮管拆开,或者将安全瓶上的活塞打开与大气相通,再关闭真空泵,防止水倒流入抽滤瓶内。

3.3.4　升　华

升华是某些固体物质受热时,不经过液态而直接变成气态,蒸气受到冷却又直接冷凝成固体的现象。利用升华可除去固态混合物中不挥发性杂质,或分离不同挥发度的固体混合物。

1. 基本原理

如果晶体化合物的三相点所处蒸气压高于标准大气压,其相图如图 3-13 所示。

当这种晶体被加热升温时,其蒸气压沿 SV 曲线上升。当升至与一个大气压的等压线 CD 相交的 A 点时,温度 R 低于其三相点温度 P,体系中尚无液体出现,但蒸气压已与外界压力相等,晶体即可不经过液体而直接转变成气体。这种在一个大气压下固体不经过液体直接转变为气体的现象即为升华。显然,三相点的蒸气压高于大气压的物质是很容易在常压下升华的。

2. 仪器装置

常压升华装置如图 3-14 所示,主要包括热源、蒸发皿和玻璃漏斗。

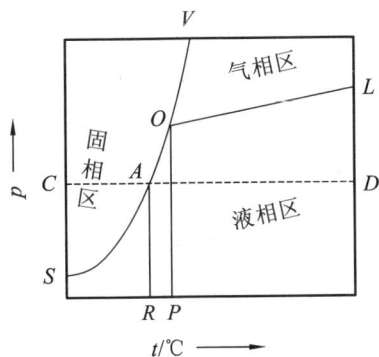

图 3-13　可升华的晶体化合物的相图

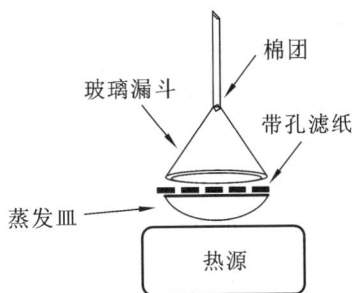

图 3-14　升华装置图

3. 操作步骤

（1）将待升华的粗产品经烘干、研碎后放入蒸发皿中。

（2）上面覆盖一张刺有许多小孔的滤纸。然后将一个直径略小于蒸发皿的玻璃漏斗倒扣在滤纸上,并在漏斗的颈部塞上一些疏松的脱脂棉,以减少蒸气逃逸。

（3）加热蒸发皿,小心地调节加热强度,控制加热温度使其低于被升华物质的熔点,使其蒸气通过滤纸上的小孔上升,冷却后凝结在滤纸和漏斗壁上。必要时漏斗外壁可用湿布冷却。

（4）升华完毕后,用不锈钢铲将凝结在滤纸和漏斗壁上的晶体小心地收集起来。

4. 注意事项

（1）样品升华前要充分干燥，否则升华时部分产品会随水蒸气一起挥发出来，影响分离效果。

（2）待升华物事先应研碎，以提高升华效率，因为升华发生在物质的表面。

（3）滤纸上的小孔应大小适中，放置时毛头向上。

（4）短颈漏斗直径应略小于蒸发皿口，否则容易漏气。

（5）漏斗颈部所塞的脱脂棉应疏松，不能太紧，否则气体无法上升。

（6）要控制好升华温度。温度太低，升华太慢甚至不能升华；温度太高，有可能导致产品发黄甚至炭化。

3.4　色谱分离技术

色谱分离技术是 20 世纪初在研究植物色素时发现的一种分离分析方法，借以分离和鉴定一些结构和性质相近的有机有色物质，"色层（谱）"一词由此而得名。长期以来，经过不断改进，已成功地发展出多种类型的色谱分离分析方法，成为化学工作者的有力工具。色谱分离技术提供了数目浩繁、用一般手段难以分离的有机化合物分离提纯的方法及定性鉴别和定量分析的数据，还可用于化合物纯度的鉴定和化学反应进程的跟踪。色谱分离技术目前已用于对映体的分离。

与经典的分离提纯手段相比，色谱法具有高效、灵敏、准确及简便等特点，已广泛用于有机化学、生物化学的科学研究和有关的化工生产等领域。

色谱法按其操作不同，可分为薄层色谱、柱色谱、纸色谱、气相色谱和高效液相色谱；按其作用原理不同，又可分为吸附色谱、分配色谱、离子交换色谱和凝胶渗透色谱。

色谱法又称层析法，其原理是利用混合物中各组分化学和物理性质的差异，使之不同程度地分布在两相中（固定相和流动相）；组分受固定相作用产生的阻力和受流动相作用产生的推动力不同，从而导致流速差异而达到分离的目的。

吸附色谱是用吸附剂作固定相，利用吸附剂表面对被分离组分吸附能力不同和被分离组分在流动相中溶解性的差异而进行分离的方法。

分配色谱是基于混合物中各组分在固定相和流动相分配常数的差异实施分离的方法。

3.4.1　薄层色谱法

薄层色谱（thin layer chromatography，缩写为 TLC），是一种快速分离和定性分析少量物质的实验技术，属固-液吸附色谱，它兼备了柱色谱和纸色谱的优点。一方面，适用于少量样品（几微克，甚至 $0.01~\mu g$）的分离；另一方面，在制作薄层板时，把吸附层加厚加大,又可用来精制样品,此法特别适用于挥发性较小或较高温度下易发生变化而不能用气相色谱分析的物质。此外,薄层色谱法还可用来跟踪有机化学反应及进行柱色谱之前的一种"预试",从而为柱色谱提供理想的吸附剂和洗脱剂。

1. 基本原理

薄层色谱是将吸附剂均匀涂布在洁净的玻璃板(载玻片)上作为固定相,经干燥活化后,在薄层板的一端用毛细管点上样品。待样品溶剂挥发完后,置于盛有适量一定极性的溶剂作展开剂(流动相)的展开缸中,进行展开。当展开剂上升至一定高度后,取出薄层板。

由于混合物中的各个组分对吸附剂(固定相)的吸附能力不同,当展开剂(流动相)流经吸附剂时,会发生无数次的吸附和解吸过程。吸附力弱的组分随流动相迅速向前移动,吸附力强的组分滞留在后,由于各组分具有不同的移动速率,最终得以在薄层板上分离。展开后的薄层板上,混合物的各组分会显示出一个个色斑,这就是色谱图。若各组分无色,可喷洒一定的显色剂使之显色。最后记录原点至主斑点中心的距离以及原点至展开剂前沿的距离,计算比移值(R_f)。

$$R_f = \frac{原点至色谱斑点中心的距离}{原点至溶剂前沿的距离}$$

图 3-15 是二组分混合物展开后各组分的 R_f,良好的展开效果应使 R_f 在 $0.15 \sim 0.75$ 之间,否则应调整展开剂的极性重新展开。

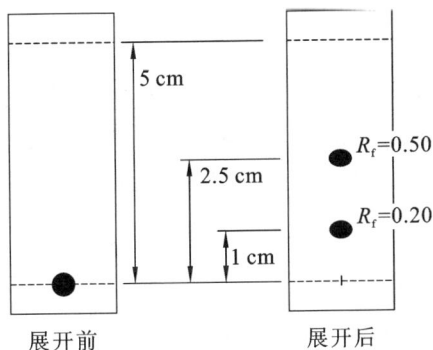

图 3-15　薄层色谱中斑点位置的鉴定及 R_f 值的计算

在一定条件下,物质具有一定的 R_f 值。不同物质在相同条件下,具有不同的 R_f 值。因此,可利用 R_f 值对物质进行定性鉴定。但物质的 R_f 值常因吸附剂的种类和活性、薄层的厚度、展开剂及温度等的不同而异。所以在鉴定的样品时,常用已知成分作对照实验,在同一个薄层板上进行层析,然后通过 R_f 值的比较,对物质作定性鉴定。

2. 薄层色谱的条件

1) 固定相选择

吸附用薄层色谱的吸附剂是氧化铝和硅胶,分配色谱的支持剂为硅藻土和纤维素。

　　吸附剂的吸附能力与颗粒大小有关。氧化铝和硅胶的颗粒以 200 目为宜,纤维素颗粒一般为 150~200 目。颗粒太大,展开剂推进速度过快,分离效果差;反之,颗粒太小,展开时又太慢,易出现拖尾和斑点不集中的现象。

　　硅胶是无定形多孔性物质,略有酸性,适用于酸性物质的分离和分析。色谱用的氧化铝可分为酸性、中性和碱性三种。酸性氧化铝是用 1% 盐酸浸泡后,用蒸馏水洗至悬浮液 pH=4~5,用于分离酸性物质;中性氧化铝(pH=7.5),用于分离中性物质,应用广泛;碱性氧化铝(pH=9~10),用于分离生物碱、胺、碳氢化合物等。

　　吸附剂的活性与其含水量有关。含水量越高,活性越低,吸附剂的吸附能力越弱;反之,则吸附能力强。吸附剂的含水量与活性等级关系见表 3-1。

表 3-1　吸附剂的含水量和活性等级关系

活性等级	Ⅰ	Ⅱ	Ⅲ	Ⅳ	Ⅴ
氧化铝含水量/(%)	0	3~4	5~7	9~11	15~19
硅胶含水量/(%)	0	5	15	25	38

　　实验室常用的是 Ⅱ 级和 Ⅲ 级吸附剂。Ⅰ 级吸附性太强,且易吸水;Ⅴ 级吸附性太弱。

　　2) 展开剂选择

　　选择合适的展开剂对薄层色谱至关重要。展开剂的选择主要根据样品的极性、溶解度和吸附剂的活性等因素来进行。展开剂的极性越大,对化合物的洗脱力也越大。表 3-2 给出了常见溶剂在硅胶板上的极性和展开能力。

表 3-2　TLC 常用展开剂

溶剂名称	烷烃(己烷、环己烷、石油醚),甲苯,二氯乙烷,乙醚,氯仿,乙酸乙酯,异丙醇,丙酮,乙醇,甲醇,乙腈,水
极性、展开能力	增加 →

　　选择展开剂时,除参照表列溶剂极性来选择外,更多地采用试验的方法,在一块薄层板上进行试验:若所选展开剂使混合物中所有的组分点都移到了溶剂前沿,则此溶剂的极性过强;若所选展开剂几乎不能使混合物中的组分点移动,留在了原点上,则此溶剂的极性过弱。

　　当一种溶剂不能很好地展开各组分时,常选择用混合溶剂作为展开剂。一般先用一种极性较小的溶剂为基础溶剂展开混合物,若展开效果不好,则使用极性较大的溶剂与前一溶剂混合,调整极性,再次试验,直到选出合适的展开剂组合及比例。合适的混合展开剂常需多次试验才能确定。

　　3）显色方法的选择

　　薄层色谱展开后,分离的化合物若有颜色,很容易识别出各个样点。但多数情况下化合物没有颜色,要识别样点,必须使样点显色。常用的显色方法有以下几种。

　　(1)碘蒸气显色:将展开的薄层板挥发干展开剂后,放在盛有碘晶体的封闭容器中,升华产生的碘蒸气能与有机物分子形成有色的缔合物,完成显色。

　　(2)紫外灯显色:如果样品本身是有荧光的物质,可以直接放在紫外灯下观察斑点所产生的荧光。对于不发生荧光的样品,可用掺有荧光剂的固定相材料(如硅胶F、氧化铝 F 等)来制板,展开后再用紫外灯照射展开的干燥薄层板,板上的有机物在亮的荧光背景下会呈现暗色斑点。

　　(3)喷显色剂:对于一些特殊有机物,可使用专用的显色剂显色。此时常用盛有显色剂溶液的喷雾器喷板显色。

　　3. 操作步骤

　　1）薄层板的制备

　　薄层板分为干板和湿板。干板在涂层时不加水,一般用氧化铝作吸附剂。

　　这里主要介绍湿板的制法,这是适用于实验教学的一种简易平铺法。其操作步骤如下:

　　取 3 g 硅胶 G 与 6~7 mL 0.5%~1%羧甲基纤维素钠的水溶液,在烧杯中调成糊状物,铺在洁净、干燥的载玻片上,用手轻轻在玻璃板上来回振摇,使表面均匀平滑,室温晾干。(3 g 硅胶可铺 7.5 cm × 2.5 cm 载玻片 5~6 块。)

　　将室温晾干后的薄层板置于烘箱内活化,活化条件根据需要而定。硅胶板一般在烘箱中逐渐升温,维持 105~110 ℃活化 30 min。氧化铝板在 200 ℃烘 4 h 可得Ⅱ级活性的薄层板,150~160 ℃烘 4 h 可得Ⅲ级活性的薄层板。活化后的薄层板应保存在干燥器中备用。

　　2）点样

　　将试样用最少量展开剂溶解,用毛细管蘸取试样溶液,在薄层板上点样。点样前,先用铅笔在距离薄层板底部 1~1.5 cm 处轻轻画出一条平行于玻璃板底边的细线作为起始线,然后用毛细管吸取样品,在起始线上小心点样,斑点直径一般不超过 2 mm,薄层板的载样量有限,勿使点样量过多。样点与薄层板侧面边缘距离应不小于 0.5 cm,可以在一块薄层板上点多个样点,但样点彼此之间的间隔也应不小于 0.5 cm,避免互相干扰。

　　3）展开

　　薄层色谱展开需在密闭容器中进行。点样完成后,吹干样点,将薄层板竖直放入

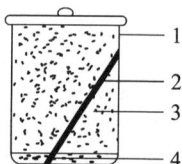

图 3-16　薄层色谱展开示意图

1.层析缸(广口瓶);2.薄层板;

3.展开剂蒸气;4.展开剂

盛有展开剂的有盖的展开瓶中(图3-16)。展开剂要接触到吸附剂下沿,但切勿接触到样点。盖上盖子,展开。待展开剂上行到一定高度(事先通过试验来确定适当的展开高度),取出薄层板,再画出展开剂的前沿线。

4) 显色,计算 R_f 值

挥发干展开剂,选择合适的显色方法显色。量出展开剂和各组分的移动距离,计算各组分的 R_f 值。

3.4.2　柱 色 谱 法

柱色谱(column chromatography)又称柱上层析法(简称柱层析)。常用的柱色谱有吸附色谱和分配色谱两类,前者常用氧化铝和硅胶作固定相,后者则以吸附在惰性固体(如硅藻土、纤维素等)上的活性液体作为固定相(也称固定液)。实验室最常用的是吸附色谱。

柱色谱是分离、提纯反应混合物和天然产物的重要方法。该法尽管比较费时,但由于操作方便,分离量可以大至几克,小到几十毫克,在常量制备中有重要的实用价值。

1. 基本原理

与薄层色谱相似,柱色谱利用填充在柱中的吸附剂作为固定相,将混合物中各组分先从溶液中吸附到其表面,溶剂(流动相)流经吸附剂时,发生无数次吸附和脱附的过程,由于各组分被吸附的程度不同,吸附强的组分移动得慢,留在柱的上端,吸附弱的组分移动得快,在柱的下端,从而达到分离的目的。

吸附柱色谱通常在玻璃管中填入表面积很大、经过活化的多孔性或粉状固体吸附剂,当分离的混合物溶液流过吸附柱时,各成分同时被吸附在柱的上端。当洗脱剂流下时,由于不同化合物吸附能力不同,往下洗脱的速度也不同,于是形成了不同层次,即溶质在柱中自上而下按对吸附剂亲和力大小分别形成若干色带,再用溶剂洗脱时,已经分开的溶质可以从柱上分别洗出、收集。或者将柱吸干,挤出后按色带分割开,再用溶剂将各色带中的溶质萃取出来。对于柱上不显色的化合物分离时,有些化合物可用紫外光照射后所呈现的荧光来检查,或在用溶剂洗脱时,分别收集洗脱液,逐个加以检定。

2. 影响柱色谱分离效果的因素

柱色谱的分离效果受吸附剂、溶质的结构、洗脱剂及柱子的尺寸等因素的影响。

1) 吸附剂

吸附剂一般要经过纯化和活性处理,实验室常用的吸附剂一般为氧化铝和硅胶,选择时取决于被分离化合物的种类。要求吸附剂颗粒大小均匀,并具有大的比表面积。颗粒大小以 50～200 目(50～200 μm)为宜。颗粒太大,会由于流速太快导致分离效果差;相反,颗粒太小,流速太慢,不仅延长了分离时间,而且容易由于扩散导致组分重新混合,同样不利于分离。

色谱用的氧化铝分为酸性、中性和碱性三种,分别适用于酸性、中性和碱性化合物的分离。要特别注意酸碱的催化作用会导致含某些官能团的化合物发生反应。例如,碱性氧化铝会导致酯的水解和醛酮的缩合,酸性氧化铝会导致醇特别是叔醇的脱水、烯烃的异构化等,而使用中性氧化铝可避免上述情况的发生。

类似薄层色谱,氧化铝和硅胶根据其含水量的多少分为Ⅰ~Ⅴ级,柱色谱常用的氧化铝为Ⅱ~Ⅲ级。

2) 溶质的结构

在给定的条件下,各个成分的分离情况与被分离物质的结构和性质有关。对极性吸附剂而言,被分离物质的极性越大,两者吸附作用也越强。具有极性基团的化合物,其吸附能力按下列顺序增加:

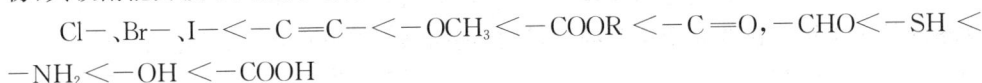

$$Cl-、Br-、I-<-C=C-<-OCH_3<-COOR<-C=O,-CHO<-SH<-NH_2<-OH<-COOH$$

3) 洗脱剂

样品吸附在色谱柱上后,用合适的溶剂进行洗脱,这种溶剂称为洗脱剂。洗脱剂的选择需根据被分离物中各组分的极性、溶解性和吸附活性等来进行,通常是先用薄层色谱进行探索,这样只需花较少的时间就能完成对溶剂的选择试验,然后将薄层色谱法找到的最佳溶剂或混合溶剂用于柱色谱。

色谱的展开首先使用非极性溶剂如石油醚、己烷等,用来洗脱出极性最小的组分。然后逐渐增加洗脱剂的极性,使极性不同的化合物,按极性由大到小的顺序自色谱中洗脱下来。这一方法又称阶梯法或"分馏洗脱"。阶梯法通常使用混合溶剂,即在非极性溶剂中逐渐增加极性溶剂的比例,例如采用石油醚-乙酸乙酯混合溶剂,使石油醚与乙酸乙酯之比由 100:0 开始,通过 90:10、70:30、50:50、30:70、10:90 逐渐增加到 0:100,这样使极性不会剧烈增加,避免了柱上的"色带"很快洗脱下来。

常见洗脱剂的极性和洗脱能力如下:

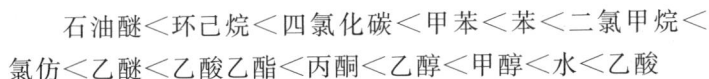

石油醚<环己烷<四氯化碳<甲苯<苯<二氯甲烷<氯仿<乙醚<乙酸乙酯<丙酮<乙醇<甲醇<水<乙酸

4) 柱色谱装置

色谱柱是一根带有下旋塞或无下旋塞的玻璃管,如图 3-17 所示。一般来说,吸附剂的质量应是待分离物质质量的 20~30 倍,对于极性相似的化合物甚至可达到(100~200):1,所用柱的高度和直径比应为 8:1。表 3-3 给出了样

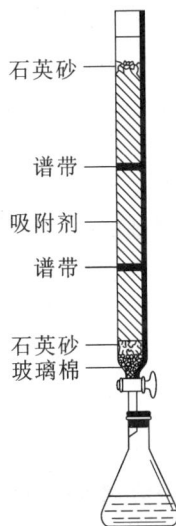

石英砂

谱带

吸附剂

谱带

石英砂
玻璃棉

图 3-17　柱色谱装置图

品和吸附剂质量与色谱柱高和直径的关系,实验者可根据实际情况参照选择。

表 3-3 样品和吸附剂质量与色谱柱高和直径的关系

样品质量/g	吸附剂质量/g	色谱柱直径/cm	色谱柱高度/cm
0.01	0.3	3.5	30
0.10	3.0	7.5	60
1.00	30.0	16.0	130
10.00	300.0	35.0	280

3. 操作步骤

1)装柱

装柱是柱色谱中最关键的操作,装柱的好坏直接影响分离效果。装柱时表面不平整或柱子未被夹持在完全竖直的位置,会造成色谱带重叠,第二条色谱带最前面的边缘在第一条谱带洗脱完毕之前就开始洗脱出来了。吸附剂表面或内部不均匀,有气泡或裂缝,会使谱带前沿的一部分从谱带主体部分中向前伸出,形成沟流。因此,装柱前应先将色谱柱洗干净并干燥,竖直固定于铁架台上。在柱底铺一小块脱脂棉,再铺约 0.5 cm 厚的石英砂,然后进行装柱。装柱分为湿法装柱和干法装柱两种,下面分别加以介绍。

(1)湿法装柱。将吸附剂(氧化铝或硅胶)用洗脱剂中极性最低的洗脱剂调成糊状,在柱内先加入约 3/4 柱高的洗脱剂,再边轻轻敲打色谱柱边将调好的吸附剂倒入柱中,同时打开下旋塞,在色谱柱下面放一个干净并且完全干燥的锥形瓶,接收洗脱剂。当装入的吸附剂有一定高度时,洗脱剂下流速度变慢,待所用吸附剂全部装完后,用留下来的洗脱剂转移残留的吸附剂,并将柱内壁残留的吸附剂淋洗下来。在此过程中,应不断敲打色谱柱,以使色谱柱填充均匀并没有气泡。柱子填充完后,在吸附剂的上端覆盖一层约 0.5 cm 厚的石英砂。覆盖石英砂的目的是使样品均匀地流入吸附剂表面,并当加入洗脱剂时,防止吸附剂表面被破坏。在整个装柱过程中,柱内洗脱剂的高度始终不能低于吸附剂最上端,否则柱内会出现裂痕和气泡。

(2)干法装柱。在色谱柱上端放一个干燥的漏斗,将吸附剂倒入漏斗中,使其成为细流连续不断地装入柱中,并轻轻敲打色谱柱的柱身,使其填充均匀,再加入洗脱剂湿润。也可以先加入 3/4 的洗脱剂,然后再倒入干的吸附剂。因为硅胶和氧化铝的溶剂化作用易使柱内形成裂缝,所以这两种吸附剂不宜使用干法装柱。

2)上样和洗脱

当溶剂下降到吸附剂表面时,立即开始进行色谱分离。把样品溶解在最少量的溶剂中,该溶剂一般是展开色谱的第一个洗脱剂。用滴管把样品溶液转移到色谱柱中,并用少量溶剂分几次洗涤柱壁上所沾试液,直至无色。注意:不要让溶剂将吸附剂冲松浮起。

　　加完样品后,打开下旋塞,使样品进入石英砂层后,再加入洗脱剂进行洗脱。样品中各组分在吸附剂上经过吸附、溶解、再吸附、再溶解……按极性大小有规律地自上而下移动而相互分离。

　　色谱带的展开过程也就是样品的分离过程。在此过程中应注意以下几点:

　　(1) 洗脱剂应连续平稳地加入,不能中断。样品量小时,可用滴管加入;样品量大时,用滴液漏斗作储存洗脱剂的容器。控制好滴加速度,可得到更好的效果。

　　(2) 在洗脱过程中,应先使用极性最小的洗脱剂淋洗,然后逐渐加大洗脱剂极性,使洗脱剂的极性在柱中形成梯度,以形成不同的色环带。也可以分步进行淋洗,即将极性小的组分分离出来后,再改变洗脱剂的极性分出极性较大的组分。

　　(3) 在洗脱过程中,样品在柱内的下移速度不能太快,但也不能太慢(甚至过夜),因为吸附表面活性较大,时间太长会造成某些成分被破坏,使色谱扩散,影响分离效果。通常流出速度为每分钟 5~10 滴,若洗脱剂下移速度太慢,可适当给柱子加压或用水泵减压。

　　(4) 当色谱带出现拖尾时,可适当提高洗脱剂极性。

　　3) 层析柱的检测

　　在分离有色物质时,可以直接观察到分离后的色带,然后用洗脱剂将分离后的色带依次白柱中洗脱出来,分别收集在不同容器中,或者将柱吸干,挤压出柱内固体,按色带分割开,再用适宜溶剂将溶质萃取出来。然而大多数有机化合物是无色的,因此最常用的方法是收集一系列固定体积的馏分,用薄层色谱法进行检测,确定哪些馏分中的化合物是相同的,然后把它们合并。对可吸收紫外-可见光的化合物,可以使用电子监测器来测定在柱中溶剂存在时吸光度的差别,从而确定不同组分的谱带位置。此外,也可根据洗脱液折射率的差别来确定不同的谱带。

　　另一种检测方法是将无机磷光体混合于吸附剂中,经此法处理过的吸附剂填充柱在紫外光照射下会发射荧光。当有溶质存在时,荧光会消失,并出现暗带,从而可观察到分离后各“色带”位置。

3.5　有机化合物物理常数的测定

　　对于纯的有机化合物来说,其熔点、沸点、折射率、比旋光度、密度、溶解度等物理常数都是固定的。因此,可以通过测定未知纯净物的物理常数来鉴定有机化合物,也可以通过对比测定值与标准值的差估计有机化合物的纯度。此外,有机化学实验中经常利用有机化合物的物理常数(如熔点、沸点、溶解度等)的差异来对有机物进行分离和提纯,因此了解有机物的物理常数对有机化学实验的路线和方案设计有着重要的意义。

3.5.1　熔点和沸点

熔点和沸点都是化合物的重要物理常数。熔点是固体有机化合物固、液两态在大气压力下达到平衡时的温度。纯净的固体有机化合物一般都有固定的熔点(熔化范围约在 0.5 ℃以内),熔点不是一个温度点,而是熔化范围,即试料从开始熔化到完全熔化为液体的温度范围。如有其他物质混入,则对其熔点有显著的影响,不但使熔化温度的范围增大,而且往往使熔点降低。因此,熔点的测定常常可以用来识别物质和定性检验物质的纯度。在测定熔点以前,要把试料研成细末,并放在干燥器或烘箱中充分干燥。

化合物温度不到熔点时以固相存在,加热使温度上升,达到熔点时,开始有少量液体出现,此后固液相平衡。继续加热,温度不再变化,此时加热所提供的热量使固相不断转变为液相,两相间仍为平衡,最后的固体熔化后,继续加热则温度线性上升。因此在接近熔点时,加热速度一定要慢,温度升高不能超过每分钟 2 ℃,只有这样,才能使整个熔化过程尽可能在接近两相平衡条件下进行,测得的熔点也较精确。

熔点可用自动熔点仪测定,自动熔点仪如图 3-18 所示。

图 3-18　自动熔点仪

化合物受热时其蒸气压升高,当达到与外界大气压相等时,液体开始沸腾,此时液体的温度即是沸点。物质的沸点与外界大气压的改变成正比。

3.5.2　折　射　率

光线通过两种不同介质的界面时会发生折射。在确定的外界条件(温度、压力)下,光线从一种透明介质进入另一种透明介质时,由于光在两种不同透明介质中的传播速率不同,光传播的方向就要改变,在分界面上发生折射现象。折射率(又叫折光率)指的是光在真空中的传播速率与光在介质中的传播速率之比,是重要的物理常数之一。固体、液体和气体都有折射率,不同的物质的折射率各不相同,因此折射率可作为鉴定有机化合物纯度的标准之一,也常作为检验原料、溶剂、中间体和最终产物的纯度及鉴定未知样品的依据。折射率的影响因素有压力、温度、波长等。

折射率可用 Snell 定律表示,即折射率是光线入射角的正弦与折射角的正弦之比。

$$n = \frac{\sin\alpha}{\sin\beta}$$

当光由介质 A 进入介质 B 时,如果介质 A 对于介质 B 是光疏物质,则折射角 β 必小于入射角 α。当入射角为 90° 时,$\sin\alpha = 1$,这时折射角达到最大,称为临界角,用 β_0 表示。很明显,在一定条件下,β_0 也是一个常数,它与折射率的关系是

$$n_D = \frac{1}{\sin\beta_0}$$

可见,测定临界角 β_0,就可以得到折射率,这就是阿贝折光仪的基本工作原理。阿贝折光仪如图 3-19(a)所示。

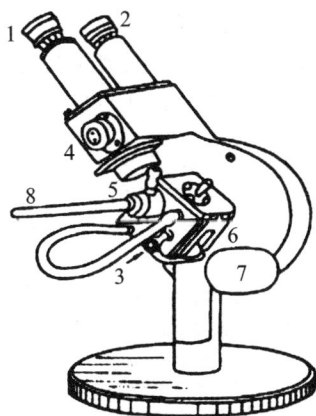

(a) 阿贝折光仪结构

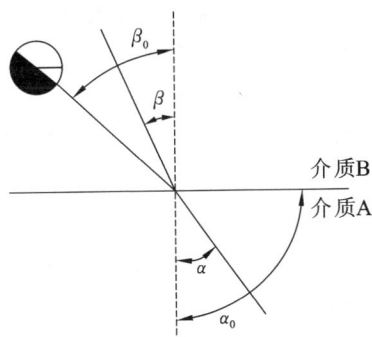

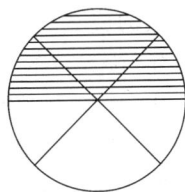

(b) 光的折射现象　　　　　　　　(c) 折光仪在临界角时的目镜视野图

图 3-19　阿贝折光仪结构与工作原理

1.目镜;2.放大镜;3.恒温水接头;4.消色补偿器;5、6.棱镜;7.反射镜;8.温度计

为了测定 β_0 值,阿贝折光仪采用了"半暗半明"的方法,就是让单色光由 $0\sim90°$ 的所有角度从介质 A 射入介质 B,这时介质 B 中临界角以内的整个区域均有光线通过,因此是明亮的,而临界角以外的全部区域没有光线通过,因此是暗的,明、暗两区界线十分清楚。如果在介质 B 的上方用一目镜观察,就可以看见一个界线十分清楚的半明半暗视场,如图 3-19(c)所示。因各种液体的折射率不同,要调节入射角始终为 90°,在操作时只需旋转棱镜转动手轮即可。从刻度盘上可直接读出折射率。

3.5.3　旋　光　度

从有机化合物有关立体化学的学习中我们已经知道,化合物可以分为两类:一类能使偏振光振动平面旋转一定的角度,即有旋光性,称为旋光性物质或光学活性物质。另一类则没有旋光性。旋光分子具有实物与其镜像不能重叠的特点,即"手性"(chirality),大多数生物碱和生物体内的大部分有机分子都是有光学活性的。

物质的旋光度与测定时所用溶液的浓度、样品管长度、温度、所用光源的波长及物质的性质等因素有关,常用比旋光度 $[\alpha]$ 来表示物质的旋光性。比旋光度是物质特性常数之一,测定比旋光度,可以检验旋光性物质的纯度和含量。

$$纯液体的比旋光度=[\alpha]_t^\lambda=\frac{\alpha}{l\cdot\rho}$$

$$溶液的比旋光度=[\alpha]_t^\lambda=\frac{\alpha}{l\cdot\rho_{样品}}\times100$$

定量测定溶液或纯液体旋光度的仪器称为旋光仪。常用的旋光仪主要由光源、起偏镜、样品管和检偏镜几部分组成,如图 3-20 所示。

从光源(钠光灯)射出的光线,通过聚光镜、滤色镜经起偏镜成为平面偏振光,在半波片处产生三分视场。通过检偏镜及物、目镜组可以观察到图 3-20(d)所示的三种情况。转动检偏镜,只有在零度时(旋光仪出厂前调整好)视场中三部分亮度一致。

当放进存有被测溶液的试管后,由于溶液具有旋光性,平面偏振光旋转了一个角度,零度视场便发生了变化。转动检偏镜一定角度,能再次出现亮度一致的视场。这个转角就是溶液的旋光度,它的数值可通过放大镜从刻度盘上读出。

为便于操作,旋光仪的光学系统倾斜 20°安装在基座上。光源采用 20 W 钠光灯(波长 $\lambda=589.3$ nm)。钠光灯的限流器安装在基座底部,无须外接限流器。旋光仪的偏振器均为聚乙烯醇人造偏振片。三分视场是采用劳伦特石英板装置(半波片)。转动起偏镜可调整三分视场的影荫角(旋光仪出厂时调整在 3°左右)。旋光仪采用双游标读数,以消除刻度盘偏心差。刻度盘分 360 格,每格 1°,游标分 20 格,等于刻度盘 19 格,用游标直接读数到 0.05°(图 3-20(e))。刻度盘和检偏镜固为一体,能借手轮作粗、细转动。游标窗前方装有两块 4 倍的放大镜,供读数时用。测得溶液的旋光度后,就可以求出物质的比旋光度。根据比旋光度的大小,就能确定该物质的纯度和含量。

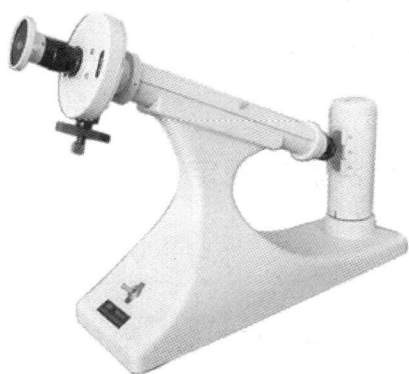
(a) 实物一

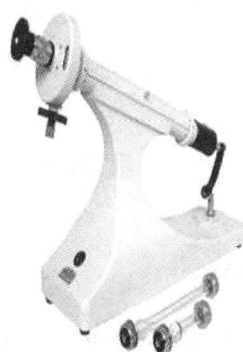
(b) 实物二

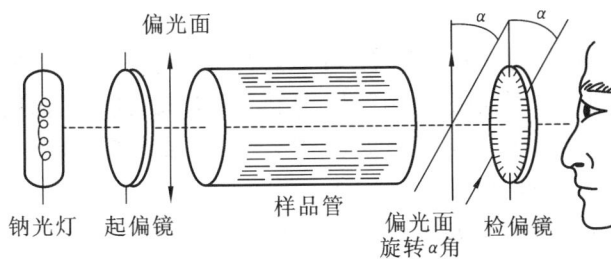

偏光面

钠光灯　　起偏镜　　　　样品管　　偏光面　　检偏镜
　　　　　　　　　　　　　　　旋转α角

(c) 原理图

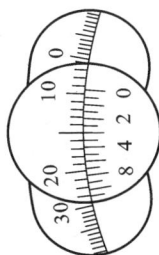

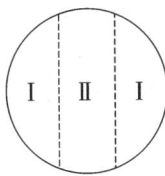

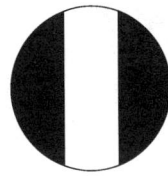

大于(或小于)零度的视场　　　零度视场　　　小于(或大于)零度视场

(d) 旋光仪的三分视场图

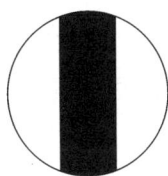

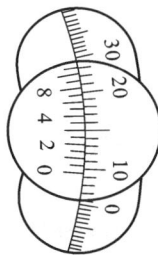

(e) 旋光仪读数示意图

图 3-20　旋光仪及其原理示意图

3.6　本章实验

实验一　简单蒸馏和沸点的测定

一、实验目的

（1）掌握用蒸馏法分离和纯化液体物质的原理、操作和用途。

（2）学会用常量法测定液体物质的沸点。

二、实验原理

当液体被加热时，有大量的蒸气产生，当内部饱和蒸气压与外界施加给液体表面的总压力（通常为一个大气压力）相等时，液体开始沸腾，此时的温度为该液体化合物的沸点。一般来说，结构不同的有机化合物，其沸点会有所差异，因此可以通过测量沸点对有机液体进行初步的鉴定。

蒸馏过程中，在收集馏分阶段，蒸气的温度会稳定在该有机物的沸程内。因此，通过测量有机馏分蒸气的温度，即可得到该有机馏分的沸点。蒸馏是测定有机化合物沸点的常用方法之一。

三、仪器与试剂

（1）仪器：圆底烧瓶（50 mL）、蒸馏头、温度计、冷凝管、接引管、接收瓶。

（2）试剂：工业乙醇。

四、操作步骤

（1）参考图 3-1 搭好简单蒸馏装置。规则：从下到上，从左到右，装置横平竖直。

（2）加料：先组装仪器，后加原料。取下温度计和温度计套管，在蒸馏头处放一长颈漏斗，注意长颈漏斗下口处的斜面应超过蒸馏头支管，慢慢将待蒸工业乙醇 20 mL 倒入圆底烧瓶中。液体体积不要超过圆底烧瓶容积的 2/3，也不要少于 1/3。

（3）加沸石：为防止液体暴沸，再加入 2～3 粒沸石。

（4）加热：在加热前，应检查仪器装配是否正确，原料、沸石是否加好，冷凝水是否通入，确认一切无误再开始加热。开始加热时，电压可以调得略高一些，一旦液体沸腾，水银球部位出现液滴时，开始控制调压器电压，以蒸馏速度 1～2 滴/s 为宜。蒸馏时，温度计水银球上应始终保持有液滴存在。如果没有液滴，可能有两种情况：一种是温度低于沸点，体系内气、液相没有达到平衡，此时，应将电压调高；二是温度过高，出现过热现象，此时，温度已超过沸点，应将电压调低。

（5）馏分收集：收集馏分时，应取下接收前馏分的容器，换一个经过称量的干燥容器来接收馏分，即产物。当温度超过沸程，停止接收。沸程越小，蒸出的物质越纯。蒸馏结束后量取体积，计算回收率。

（6）常量法测沸点：在接收馏分的过程中，当温度恒定时，这时温度计的读数就是该产物的沸点。

五、注意事项

（1）温度计的位置：温度计水银球的上沿与蒸馏头支管的下沿相齐。

（2）冷却水的正确连接方式为"下进上出"。

（3）仪器搭好后，加热之前必须检查装置的气密性。

（4）蒸馏时切记不要忘记加沸石，另外实验结束后将烧瓶中的沸石倒入垃圾桶内，不许倒入水槽，以免堵塞。

（5）蒸馏速度应控制在 1~2 滴/s，蒸馏瓶内的液体不能蒸干，以免蒸馏瓶破裂或发生其他意外事故。

六、思考题

（1）蒸馏时，加入沸石的作用是什么？如蒸馏前忘加沸石，能否立即将沸石加至接近沸腾的液体中？当重新进行蒸馏时，用过的沸石能否继续使用？

（2）蒸馏时为什么蒸馏瓶所盛液体的量不应超过容积的 2/3，也不应少于 1/3？

（3）如果液体有恒定的沸点，能否认为它是单一物质？

实验二　甲醇和水的分馏

一、实验目的

（1）了解分馏的原理和意义，以及分馏柱的种类和选用的方法。

（2）掌握实验室简单分馏的操作方法。

二、实验原理

分馏是应用分馏柱将几种沸点相近的混合物进行分离的方法。它是化学工业和实验室中分离液态的有机化合物的常用方法之一。普通的蒸馏技术要求其组分的沸点至少相差 30 ℃，才能用蒸馏法分离。对沸点相近的混合物，用普通蒸馏法不可能将它们分开。若要获得良好的分离效果，就非得采用分馏不可。现在最精密的分馏设备已能将沸点相差仅 1~2 ℃的物质分开。分馏的原理和蒸馏是一样的，实际上，分馏就是多次蒸馏。

而在操作上，分馏就是利用分馏柱来实现这个多次重复的蒸馏过程。在分馏柱内,当上升的蒸气与下降的冷凝液互相接触时,上升的蒸气部分冷凝放出热量使下降的冷凝液部分汽化,两者之间发生了热量交换,其结果,上升蒸气中低沸点组分增加,最后被蒸馏出来,而高沸点组分不断流回到加热的容器中。

三、仪器与试剂

(1) 仪器:圆底烧瓶(100 mL)、分馏柱、冷凝管、接引管、接收瓶、温度计、量筒、锥形瓶(3 个)、水浴锅。

(2) 试剂:甲醇和水的混合物(体积比为 1∶1)。

四、操作步骤

(1) 参考图 3-4 安装好简单分馏装置。

(2) 加料:在 100 mL 圆底烧瓶中,加入 25 mL 甲醇与 25 mL 水的混合物,加入 2~3 粒沸石。

(3) 加热:用水浴慢慢加热,仔细控制加热温度,使馏出液慢慢地、均匀地以每分钟 2 mL(约 40 滴)的速度流出。

(4) 观察与收集馏出物,记录数据。

① 记录当冷凝管中有蒸馏液流出时温度计所示的温度。

② 当柱顶温度维持在 65 ℃时,收集约 10 mL 馏出物(A)。

③ 随着温度上升,分别收集 65~70 ℃(B)、70~80 ℃(C)、80~90 ℃(D)、90~95 ℃(E)的馏分,瓶内所剩为残留液。90~95 ℃的馏分很少,需要移去石棉网直接进行加热。

④ 将不同馏分分别量出体积。

(5) 当圆底烧瓶中的液体为 1~2 mL 时,停止加热。

(6) 绘制分馏曲线:以馏出液体积为横坐标,温度为纵坐标,绘制分馏曲线。

(7) 拆卸实验仪器,清理实验装置,回收沸石,实验结束。

五、注意事项

(1) 根据被分馏混合物的沸点差选择合适的分馏柱。

(2) 分馏一定要缓慢进行,要控制好恒定的分馏速度。

(3) 要使有相当量的液体自柱内流回烧瓶中,即要选择合适的回流比。

(4) 尽量减少分馏柱的热量散失和波动。因为在分馏过程中,无论用哪一种分馏柱,都应防止回流液体在柱内聚集,否则会减少液体和上升蒸气的接触,或者上升蒸气把液体冲入冷凝管中造成"液泛",达不到分馏的目的。为了避免这样的情况,通常在分馏柱外包扎石棉绳、石棉布等保温材料,以保持柱内温度,提高分馏效率。

六、思考题

（1）分馏与蒸馏在原理及装置上有何异同？

（2）若加热太快，馏出液流出速度大于 2 滴/s（每秒钟的滴数超过要求量），用分馏分离两种液体的能力会显著下降，为什么？

（3）用分馏柱提纯液体时，为了取得较好的分离效果，为什么分馏柱必须保持有一定的回流液？

（4）在分离两种沸点相近的液体时，为什么装有填料的分馏柱比不装填料的分馏柱效率高？

（5）什么叫共沸混合物？为什么不能用分馏法分离共沸混合物？

（6）在分馏时通常用水浴或油浴加热，它与直接用火加热相比有什么优点？

实验三　苯甲醛的水蒸气蒸馏

一、实验目的

（1）学习水蒸气蒸馏的基本原理、使用范围和被蒸馏物应具备的条件。

（2）掌握水蒸气蒸馏的操作方法。

二、实验原理

一个由不混溶液体组成的混合物将在比它的任何单一组分（作为纯化合物时）的沸点都要低的温度下沸腾，用水蒸气（或水）充当这种不混溶相之一所进行的蒸馏操作称为水蒸气蒸馏。

根据 Dalton 分压定律：

$$p = p_水 + p_B$$

混合物的沸点低于任何单一组分的沸点。如果水在各组分中沸点最低，溶液在低于 100 ℃ 时即可沸腾进行蒸馏，蒸馏后通过分层而除去水层。

苯甲醛的沸点为 178 ℃，直接蒸馏时由于温度太高，容易使苯甲醛变质。苯甲醛可与水形成二元共沸混合物，且与水不互溶，因此适合使用水蒸气蒸馏。

三、仪器与试剂

（1）仪器：水蒸气发生器、三口烧瓶、直形冷凝管、接收瓶、安全管、螺旋夹、水蒸气导出管、馏出液导出管、接引管、量筒（10 mL）、分液漏斗（125 mL）。

（2）试剂：苯甲醛、蒸馏水。

四、操作步骤

（1）参考图 3-5 搭好水蒸气蒸馏装置。在水蒸气发生器中加入不超过其容积

2/3 的蒸馏水，量取待蒸馏的苯甲醛 10 mL，加入 50 mL 三口烧瓶中，加入 3～5 颗沸石。加热水蒸气发生器，使水迅速沸腾，当有水蒸气从 T 形管的支管冲出时，再旋紧螺旋夹，让水蒸气通入三口烧瓶中。与此同时，接通冷却水，用接收瓶收集馏出物。

（2）当接引管的蒸出液由混浊变澄清后，再多蒸出 5～10 mL 的透明馏出液时停止蒸馏。

（3）用分液漏斗分液，量取蒸出的苯甲醛体积，计算收率。

五、注意事项

（1）三口烧瓶的容量应保证混合物的体积不超过其容积的 1/2，导入水蒸气的玻璃管下端应垂直地正对瓶底中央，并伸到接近瓶底。

（2）水蒸气发生器上的安全管（平衡管）不宜太短（一般为 45 cm 左右），其下端应接近器底，盛水量不超过其容积的 2/3，最好在水蒸气发生器中加入沸石，起助沸作用。

（3）应尽量缩短水蒸气发生器与三口烧瓶之间的连接玻璃管的长度，以减少水蒸气的冷凝量，同时连接玻璃管可以裹以石棉绳保温。

（4）接通冷凝水，开始蒸馏前应把 T 形管上的螺旋夹打开，当 T 形管的支管有水蒸气冲出时，关闭螺旋夹，开始通水蒸气，进行蒸馏。

（5）为使水蒸气不致在烧瓶中冷凝过多而增加混合物的体积，在通水蒸气时，可在三口烧瓶下隔着石棉网用小火加热。

（6）在蒸馏过程中，要经常检查安全管中的水位是否正常，如发现其突然升高，意味着有堵塞现象，应立即打开螺旋夹，移去热源，使水蒸气发生器与大气相通，避免发生事故（如倒吸），待故障排除后再行蒸馏。如发现 T 形管支管处水积聚过多，超过支管部分，也应打开螺旋夹，将水放掉，否则将影响水蒸气通过。

（7）如果随水蒸气挥发馏出的物质熔点较高，在冷凝管中易凝成固体堵塞水冷凝管，可考虑改用空气冷凝管。

（8）控制馏出速度为 2～3 滴/s。当接引管处的馏出液澄清透明，不含有油珠状的有机物时，即可停止蒸馏，但最好再多蒸出 5～10 mL。这时应首先打开 T 形管处螺旋夹，然后方可停止蒸馏。

六、思考题

（1）进行水蒸气蒸馏时，水蒸气导入管的末端为什么要伸到接近于容器的底部？

（2）水蒸气蒸馏装置中的 T 形管有什么作用？

（3）在水蒸气蒸馏过程中，经常要检查什么事项？若安全管中水位上升很高，这说明什么问题？如何处理才能解决呢？

（4）怎样判断水蒸气蒸馏中物质蒸馏是否完全，然后可结束蒸馏？

（5）水蒸气蒸馏时，被提纯物质应具备什么条件？

实验四　乙酰乙酸乙酯的蒸馏

一、实验目的

(1) 学习减压蒸馏的基本原理。

(2) 掌握减压蒸馏的实验操作和技术。

二、实验原理

　　液体的沸点是指它的蒸气压等于外界压力时的温度,因此液体的沸点是随外界压力的变化而变化的。如果借助于真空泵降低系统内压力,就可以降低液体的沸点。这便是减压蒸馏操作的理论依据。

　　减压蒸馏是分离和提纯有机化合物的常用方法之一,特别适用于那些在常压蒸馏时未达沸点即已受热分解、氧化或聚合的物质。例如,市售的乙酰乙酸乙酯中常含有少量的乙酸乙酯、乙酸和水,由于乙酰乙酸乙酯在常压蒸馏时容易分解产生去水乙酸,故必须通过减压蒸馏进行提纯。

三、仪器与试剂

　　(1) 仪器:圆底烧瓶、克氏蒸馏头、毛细管、温度计、冷凝管、接引管、接收瓶、量筒、安全瓶、冷却阱、压力计、水泵或油泵。

　　(2) 试剂:市售的乙酰乙酸乙酯。

四、操作步骤

　　(1) 准备操作:

　　① 将 20 mL 待蒸馏的乙酰乙酸乙酯加入 50 mL 圆底烧瓶中,保证其体积不超过烧瓶容积的 1/2,按图 3-7 安装好仪器,确保所有接头处连接紧密。

　　② 打开安全瓶玻璃活塞后启动抽气泵。

　　③ 逐步拧紧毛细管上端橡皮管螺旋夹,使橡皮管近乎关闭。

　　④ 慢慢关闭安全瓶玻璃活塞,注意通过毛细管产生的气泡不可太剧烈或太慢。调节螺旋夹,使液体中能形成细小而稳定的气泡流。观察所获得的压力,直到达到预想的真空时才开始蒸馏。

　　(2) 开始蒸馏:

　　① 开启冷却水后,给烧瓶加热。

　　② 记录蒸馏过程中的温度及压力范围,控制蒸馏速度为每秒钟 1～2 滴。

　　(3) 更换接收瓶:

　　① 蒸馏过程中,当一种新的组分(相同压力下的高沸点部分)开始蒸馏出来时,

需要及时更换,必须慢慢打开安全瓶玻璃活塞,并立即降低热源。为了防止毛细管中的液体过度回缩,可将螺旋夹打开,然后换上另一个接收瓶。

② 关闭安全瓶玻璃活塞,让系统有数分钟时间重新恢复减压状态。

③ 将螺旋夹适当夹紧,此时毛细管中的液体被驱出,气泡便连续出现。

④ 升高热源,继续蒸馏。当温度下降时,通常表示蒸馏过程完成。此时,慢慢打开螺旋夹及安全瓶玻璃活塞,关掉抽气泵,移去接收瓶,拆卸仪器并进行清洗。

五、注意事项

(1) 仪器安装好后,先检查系统是否漏气,方法是:关闭毛细管,减压至压力稳定后,夹住连接系统的橡皮管,观察压力计水银柱是否有变化,无变化说明不漏气,有变化即表示漏气。为使系统密闭性好,磨口仪器的所有接口部分都必须涂上真空脂。

(2) 检查仪器气密性,确认不漏气后,加入待蒸的液体,加入量不要超过蒸馏瓶容积的1/2,关好安全瓶上的玻璃活塞,开动抽气泵,调节毛细管导入的空气量,以能冒出一连串小气泡为宜。

(3) 当压力稳定后,开始加热。液体沸腾后,应注意控制温度,并观察沸点变化情况。待沸点稳定时,更换接收瓶接收馏分,蒸馏速度以1~2滴/s为宜。

(4) 蒸馏完毕,除去热源,慢慢旋开夹在毛细管上的橡皮管的螺旋夹,待蒸馏瓶稍冷后再慢慢开启安全瓶上的玻璃活塞,平衡内外压力(若开得太快,水银柱很快上升,有冲破压力计的可能),然后才关闭抽气泵。

六、思考题

(1) 具有什么性质的化合物需用减压蒸馏进行提纯?

(2) 使用水泵减压蒸馏时,应采取什么预防措施?

(3) 使用油泵减压时,要有哪些吸收和保护装置?其作用是什么?

(4) 当减压蒸完所要的化合物后,应如何停止减压蒸馏?为什么?

实验五　乙酰苯胺的重结晶

一、实验目的

(1) 学习重结晶方法提纯固态有机化合物的原理和方法。

(2) 掌握抽滤、热过滤操作和菊花形滤纸的折叠方法。

二、实验原理

重结晶是先用溶解的方式将晶体结构全部破坏,然后再让结晶重新生成,使得杂质留在溶液中的一种操作过程。

　　从有机合成反应分离出来的固体粗产物往往含有未反应的原料、副产物及杂质，必须加以分离纯化，重结晶是分离提纯纯固体化合物的一种重要的、常用的分离方法之一。它适用于产品与杂质性质差别较大、产品中杂质含量小于 5% 的体系。

　　重结晶是利用混合物中各组分在某种溶剂中溶解度不同或在同一溶剂中不同温度时的溶解度不同而使它们相互分离。

三、仪器与试剂

　　（1）仪器：布氏漏斗、抽滤瓶、热水漏斗（铜）、烧杯（100 mL）、玻璃棒、滤纸、表面皿、水泵、酒精灯、铁架台、烘箱、电子天平。

　　（2）试剂：乙酰苯胺、活性炭。

四、操作步骤

　　实验装置如图 3-12 所示。

　　（1）将 2 g 粗制的（工业级）乙酰苯胺及 60 mL 水加入 100 mL 烧杯中，加热至沸腾，直到乙酰苯胺溶解（若不溶解可适量添加少量热水，搅拌并加热至接近沸腾，使乙酰苯胺溶解）。取下烧杯，稍冷后再加入 0.3～0.5 g 活性炭于溶液中，再煮沸 5～10 min。

　　（2）趁热用热水漏斗和菊花状滤纸（图 3-21）进行过滤，用一烧杯收集滤液。在过滤过程中，热水漏斗和溶液均应用小火加热保温以免冷却。

　　（3）滤液放置在冰浴中冷却降至室温，待晶体全部析出，抽滤出晶体，并用少量溶剂（水）洗涤晶体表面，抽干后，取出产品放在表面皿上晾干或烘干，称重，计算收率。

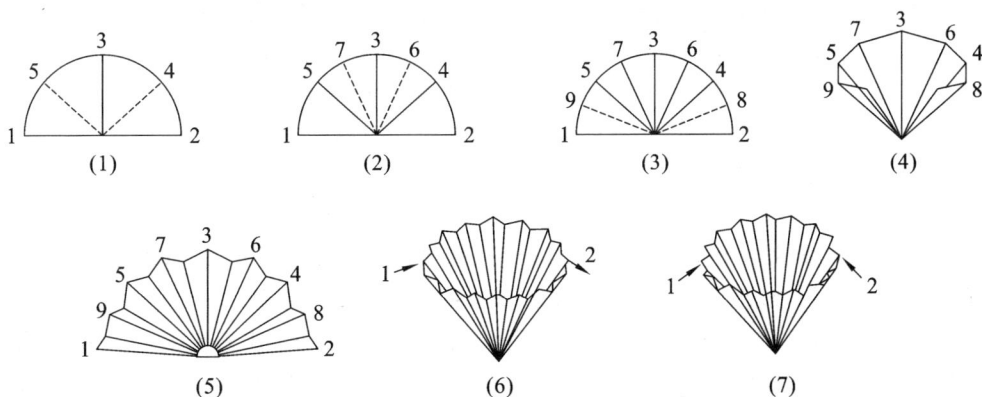

图 3-21　菊花状滤纸的叠法

五、注意事项

　　（1）用活性炭脱色时，不要把活性炭加入正在沸腾的溶液中。

（2）滤纸不应大于布氏漏斗的底面,但刚好盖住所有滤孔。

（3）停止抽滤时,先将抽滤瓶与水泵间连接的橡皮管拆开,或者将安全瓶上的活塞打开与大气相通,再关闭水龙头,防止水倒流入抽滤瓶内。

六、思考题

（1）如何选择重结晶溶剂?

（2）加活性炭脱色时应注意哪些问题?

（3）母液浓缩后所得到的晶体为什么比第一次得到的晶体纯度要差?

（4）用抽滤法收集固体时,为什么在关闭水泵前,先要拆开安全瓶和抽滤瓶之间的橡皮管或先打开安全瓶上的活塞?

实验六　偶氮苯和苏丹Ⅲ的薄层色谱分离

一、实验目的

（1）了解薄层色谱的基本原理及在有机物分离中的应用。

（2）掌握薄层色谱的操作方法及薄层板的制备过程。

二、实验原理

由于混合物中的各个组分对吸附剂(固定相)的吸附能力不同,当展开剂(流动相)流经吸附剂时,会发生无数次的吸附和解吸过程,吸附力弱的组分随流动相迅速向前移动,吸附力强的组分滞留在后,由于各组分具有不同的移动速率,最终得以在薄层板上分离。物质被分离后在图谱上的位置,常用比移值 R_f 表示。

$$R_f = \frac{原点至色谱斑点中心的距离}{原点至溶剂前沿的距离}$$

三、仪器与试剂

（1）仪器:硅胶层析板、层析缸、点样用毛细管、紫外灯、烧杯(50 mL)、表面皿、铅笔、直尺、电吹风、载玻片(7.5 cm×2.5 cm)、钢勺、镊子、烘箱等。

（2）试剂:1%偶氮苯的甲苯溶液、1%苏丹Ⅲ的甲苯溶液、体积比为 1∶1 的 1%偶氮苯的甲苯溶液和 1%苏丹Ⅲ的甲苯溶液的混合液、5%羧甲基纤维素钠(CMC-Na)水溶液、硅胶 G、体积比 9∶1 的甲苯-乙酸乙酯混合溶剂。

四、操作步骤

1. 薄层板的制备

取 7.5 cm × 2.5 cm 的载玻片 5 片,洗净晾干。

在 50 mL 烧杯中,放置 3 g 硅胶 G,逐渐加入 5% 羧甲基纤维素钠水溶液 8 mL,调成均匀的糊状。用钢勺取此糊状物,涂于上述洁净的载玻片上,用手将带浆的载玻片在玻璃板上作上下轻微颠动,并不时转动方向,制成厚薄均匀、表面光洁的薄层板。然后平放于水平的桌面上,在室温下放置 30 min 后,放入烘箱中,缓慢升温至 110 ℃,恒温 30 min,取出,稍冷后放入干燥器内保存备用。

2. 点样

取 2 块用上述方法制好的薄层板,分别在距薄层板下端 1.0 cm 处用铅笔轻轻画一横线作为起始线。取管口平整的毛细管插入样品溶液中,在一块薄层板的起点上点 1% 偶氮苯的甲苯溶液和混合液 2 个样点。在第二块薄层板的起点上点 1% 苏丹Ⅲ的甲苯溶液和混合液 2 个样点。(注意:点样用的毛细管不能混用,点样时毛细管不能将薄层板表面弄破,样品斑点直径在 1~2 mm 为宜,斑点间距为 1~ 1.5 cm。)如果样点的颜色较浅,可重复点样,重复点样必须待前次样点干燥后进行。

3. 展开及定性分析

参考图 3-16,将点好样的薄层板依次放入用体积比 9:1 的甲苯-乙酸乙酯混合溶剂为展开剂的层析缸中,盖上盖子,展开。待展开剂上行至距薄层板上沿 0.5~1 cm 时,用镊子取出,用铅笔将各斑点框出,并找出斑点中心,用直尺量出各斑点中心到原点的距离和溶剂前沿到起始线的距离,算出各样品的比移值并定性确定混合物中各物质的名称。

五、注意事项

(1) 铺板时一定要铺匀,特别是边、角部分,晾干时要放在平整的地方。

(2) 点样时样点要细,直径不要大于 2 mm,间隔 1 cm 以上,浓度不可过大,以免出现拖尾、混杂现象。

(3) 层析缸要洗净烘干,放入薄层板之前,要先加入展开剂,盖上表面皿,让展开缸内形成一定的蒸气压。点样一端的薄层板要浸入展开剂 0.5 cm 以上,但展开剂不可没过样品原点。当展开剂上升到距薄层板上沿 0.5~1 cm 时要及时将板取出,用铅笔标示出展开剂前沿的位置。

(4) 点样用的毛细管必须专用,不得弄混。点样时,使毛细管液面刚好接触到薄层即可,切勿点样过重而破坏薄层。

六、思考题

(1) 在一定的操作条件下为什么可利用 R_f 来鉴定化合物?

(2) 在混合物薄层色谱中,如何判定各组分在薄层上的位置?

(3) 展开剂的高度若超过了点样线,对薄层色谱有何影响?

实验七　荧光黄和亚甲基蓝的柱色谱分离

一、实验目的

(1) 了解柱色谱法分离有机物的原理。

(2) 了解固定相和流动相的选择原则。

(3) 掌握色谱柱的填充方法及柱色谱分离的基本操作。

二、实验原理

荧光黄和亚甲基蓝均为指示剂,它们的结构式如下:

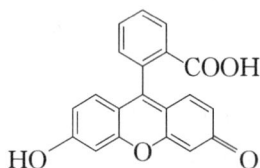

荧光黄

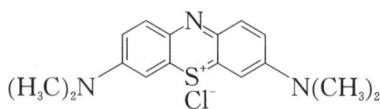

亚甲基蓝

由于荧光黄和亚甲基蓝的结构不同,极性不同,吸附剂对它们的吸附能力不同,洗脱剂对它们的解析速度也不同,极性小、吸附能力弱、解析速度快的亚甲基蓝先被洗脱下来,而极性大、吸附能力强、解析速度慢的荧光黄后被洗脱下来,从而使两种物质得以分离。本实验以中性氧化铝为吸附剂,95%乙醇作为洗脱剂,先洗脱亚甲基蓝,再用蒸馏水作洗脱剂把荧光黄洗脱下来。

三、仪器与试剂

(1) 仪器:色谱柱(15 cm×ϕ1.5 cm)、烧杯、玻璃棒、锥形瓶、储液球、滴管、玻璃漏斗、铁架台。

(2) 试剂:中性氧化铝(100~200 目)、1 mL 溶有 1 mg 荧光黄和 1 mg 亚甲基蓝的 95%乙醇溶液、95%乙醇、石英砂。

四、操作步骤

(1) 装柱:用镊子取少许脱脂棉(或玻璃棉)放于干净的色谱柱底部,轻轻塞紧,再在脱脂棉上盖一层厚 0.5 cm 的石英砂,关闭旋塞,向柱中加入 95%乙醇至约为柱高的 3/4 处,打开旋塞,控制流出速度为 1 滴/s。通过一干燥的玻璃漏斗慢慢加入色谱用中性氧化铝,或将 95%乙醇与中性氧化铝先调成糊状,再徐徐倒入柱中。用木棒或带橡皮塞的玻璃棒轻轻敲打柱身下部,使填装紧密,当装柱至 3/4 时,再在上面加一层 0.5 cm 厚的石英砂。操作时一直保持上述流速,注意不能使液面低于柱顶石英砂层的上表面。

(2) 上样和洗脱:当溶剂液面刚好流至石英砂面时,立即沿柱壁加入 1 mL 已配好的含有 1 mg 荧光黄和 1 mg 亚甲基蓝的 95% 乙醇溶液,当此溶液流至接近石英砂面时,立即用 0.5 mL 95% 乙醇洗下管壁的有色物质,如此连续 2～3 次,直至洗净为止。然后在色谱柱上装置储液球,用 95% 乙醇作洗脱剂进行洗脱,控制流出速度如前。

亚甲基蓝因极性小,首先向柱下移动,极性较大的荧光黄则留在柱的上端。当蓝色的色带快洗出时,更换接收瓶,继续洗脱,至滴出液近无色为止,再换接收瓶。改用水作洗脱剂至黄绿色的荧光黄开始滴出,用另一接收瓶收集至黄绿色全部洗出为止。

五、注意事项

(1) 色谱柱的大小根据被分离物的量和吸附性确定。一般的规格是:柱的直径为其长度的 1/10～1/4,实验室中常用的色谱柱,其直径在 0.5～10 cm。色谱柱的旋塞不宜涂真空脂,以免洗脱时混入样品中。

(2) 色谱柱填装紧密与否,对分离效果很有影响。若柱中留有气泡或各部分松紧不均匀(更不能有断层或暗沟),会影响渗滤速度和显色的均一性。但如果填装时过分敲击,又会因太紧密而流速太慢。

(3) 加入石英砂的目的是,在加展开剂时不把吸附剂冲起而影响分离效果。若无石英砂,也可用玻璃棉或剪成比柱子内径略小的滤纸压在吸附剂上面。

(4) 为了保持色谱柱的均一性,使整个吸附剂浸泡在溶剂或溶液中是必要的。否则当柱中溶剂或溶液流干时,就会使柱身干裂,影响渗透和显色的均一性。

(5) 上样时最好用移液管或滴管将待分离的溶液转移至柱中。

(6) 若不安装储液球,也可用每次倒入 10 mL 洗脱剂的方法进行洗脱。

(7) 若流速太慢,可将接收瓶改成小抽滤瓶,安装合适的塞子,接上水泵,用水泵减压以保持适当的流速。也可在柱子上端安导气管,后者与气袋或双链球相连,中间加上螺旋夹。利用气袋或双链球的气压对色谱柱施加压力。用螺旋夹调节气流的大小,这样可加快洗脱的速度。

六、思考题

(1) 柱色谱中为什么极性大的组分要用极性较大的溶剂洗脱?

(2) 柱中若留有空气或填装不均匀,对分离效果有何影响? 如何避免?

(3) 试解释荧光黄比亚甲基蓝在色谱柱上吸附得更加牢固的现象。

实验八　有机化合物熔点的测定

一、实验目的

（1）了解有机化合物熔点测定的原理与意义。
（2）掌握有机化合物熔点的测定方法。

二、实验原理

　　熔点是固体有机化合物固、液两态在大气压力下达成平衡时的温度。纯净的固体有机化合物一般有固定的熔点（熔程在 0.5 ℃ 以内），熔点实际上不是一个温度点，而是熔化范围（熔程），即试料从开始熔化到完全熔化为液体的温度范围。如有其他物质混入，则对其熔点有显著的影响，不但使熔程变长，而且往往使熔点降低。因此，熔点的测定常常可以用来识别物质和定性地检验物质的纯度。在测定熔点以前，要把试料研成细末，并放在干燥器或烘箱中充分干燥。

　　本实验使用自动熔点仪来测定水杨酸的熔点。自动熔点仪具有测量简单快捷的特点，测量过程中采用光电检测、数字显示等技术，可自动显示物质的初熔和全熔温度。

三、仪器与试剂

　　（1）仪器：自动熔点仪、毛细管、表面皿、玻璃棒。
　　（2）试剂：水杨酸。

四、实验步骤

　　（1）熔点管的制备：用内径为 1 mm、长 60～70 mm、一端封闭的毛细管作为熔点管。

　　（2）样品的填装：把样品装入熔点管中。把干燥的少许样品（水杨酸）放于干净表面皿上，用玻璃棒将其研细并集成小堆。把毛细管开口一端垂直插入堆集的样品中，使一些样品进入管内，然后把该熔点管竖立起来，在桌面上顿几下（熔点管的下落方向必须和桌面垂直，否则熔点管极易折断），使试料进入管底。再用力在桌面上顿实，尽量使样品装得紧密。或将装有样品、管口向上的毛细管，放入长 50～60 cm、垂直于桌面的玻璃管中，玻璃管下可垫一表面皿，使毛细管从高处落于表面皿上，如此反复几次后，可把样品装实，样品高度为 2～3 mm。装入的样品一定要研细、夯实，否则影响测定结果。

　　（3）测熔点：

　　① 开启电源开关，显示上一次起始温度及升温速率。稳定 20 min，此时，光标将

停止在"起始温度"第一位数字,可通过键盘修改起始温度(也可通过光标移动键"←"将光标移到需修改的数字中,然后进行修改),并按"＿＿"键表示确认。若起始温度不需修改,可直接按"＿＿"键,此时光标跳至"升温速率"第一位数字。

② 通过键盘输入升温速率,按"＿＿"键表示确认,亦可直接按"＿＿"键,默认当前的升温速率。

③ 当实际炉温达到预设温度并稳定后,可插入样品毛细管(毛细管插入仪器前用软布将外面沾的物质清除,否则日久后插座下面会积垢,导致无法检测)。

④ 按升温键,操作提示屏显示"↑",此时仪器将按照预先设定的工作参数对样品进行测量。(按升温键后,未放毛细管的炉子将出现"En"(n 为炉子的序号),而不显示"↑"。)

⑤ 当到达初熔点时,显示初熔温度,当到达终熔点时,显示终熔温度,同时,显示熔化曲线。

⑥ 每测完一组样品,仪器会显示出对应于 3 根样品管的熔化曲线。若由于装样等因素造成其中某条曲线长距离不连续,测量误差过大,此时可按"清除"键清除该条曲线,重新测量。具体操作如下:按下"清除"键,操作提示屏将显示"１２３Ｃ";按下相应的数字键以清除该曲线,亦可再次按下"清除"键以便放弃清除操作(注:a.曲线的序数从左至右依次为 1、2、3;b.每清除一条曲线,熔点的平均值也会作相应的改变,即放弃的样品将不进入平均值的运算);设定好工作参数后,将装有样品的毛细管放入对应的炉子(其余不测的炉子不要放毛细管),按"升温"键;此时仪器将重新测量该样品,并计算平均值,另外未放毛细管的炉子因不测量而显示"En"(n 为炉子的序号)。

⑦ 测定结束,记录数据。

五、注意事项

(1) 样品粉碎要细,填装必须紧密结实,高度为 2~3 mm。否则会产生空隙,不易传热,造成熔程变长。

(2) 熔点管必须洁净。如含有灰尘等,能产生 4~10 ℃的误差。

(3) 样品不干燥或含有杂质,会使熔点偏低,熔程变长。

(4) 控制升温速率,升温应慢,让热传导有充分的时间。升温过快时,熔点偏高。并记录样品熔程。

(5) 样品量太少则不便观察,而且熔点偏低;量太多会造成熔程变长,熔点偏高。熔点管壁太厚,热传导时间长,会导致熔点偏高。

六、思考题

测熔点时,若有下列情况,将产生什么结果?

(1) 熔点管壁太厚;

(2) 熔点管不洁净;

（3）样品研得不细或装得不紧密；

（4）样品未完全干燥或含有杂质；

（5）升温太快。

实验九　有机化合物折射率的测定

一、实验目的

（1）了解折射率的测定原理与意义。

（2）掌握阿贝折光仪的使用方法。

二、实验原理

光从真空射入介质发生折射时，入射角与折射角的正弦之比叫做介质的绝对折射率，简称折射率。不同的物质的折射率各不相同，因此折射率可作为鉴定有机化合物纯度的依据之一。

本实验采用阿贝折光仪测量液体有机物的折射率。阿贝折光仪的工作原理见本书 3.5.2 节相关内容。

三、仪器与试剂

（1）仪器：阿贝折光仪、滴管。

（2）试剂：乙醇、蒸馏水、乙酸乙酯。

四、实验步骤

（1）将阿贝折光仪打开直角棱镜，用擦镜纸沾少量乙醇（或丙酮）轻轻擦洗镜面，不能来回擦，只能单向擦，待晾干后方可使用。

（2）校正阿贝折光仪：将蒸馏水 2～3 滴均匀地置于磨砂棱镜上，关紧棱镜，使光线射入。先轻轻转动左面刻度盘，并在镜筒内找到明暗分界线。若出现彩色带，则调节消色补偿器，直至明暗界线清晰。调节刻度盘，使明暗分界线对准交叉线中心，记录读数。重复 3 次，将测定的折射率和标准值进行比较，计算出阿贝折光仪的误差。

（3）将待测液体样品乙醇和乙酸乙酯分别按上述方法测定折射率，每个样品测 3 次，计算出测定的平均值，然后计算校正值。

（4）测完样品后，擦洗镜面，晾干后关闭。

五、注意事项

（1）在测定样品之前，应对阿贝折光仪进行校正。

（2）在测量液体样品时，若放得过少或分布不均，会看不清楚，此时可多加一点液体样品,对于易挥发的液体应熟练而敏捷地测量。

（3）不能测定强酸、强碱及有腐蚀性的液体,也不能测定对棱镜、保温套之间的胶黏剂有溶解性的液体。

（4）要保护棱镜,不能在镜面上造成刻痕,所以在滴加液体时滴管的末端切不可触及棱镜面。

（5）仪器在使用或储藏时应避免日光,不用时应置于木箱内干燥储藏。

六、思考题

（1）如何校正阿贝折光仪的误差?
（2）测定液体有机化合物折射率有何意义?

实验十　旋光度的测定

一、实验目的

（1）了解旋光仪的构造。
（2）掌握使用旋光仪测定物质旋光度的方法。
（3）学习比旋光度的计算。

二、实验原理

旋光性是有机化合物的重要性质。旋光度与物质的特性、溶液的浓度、样品管的长度,以及温度、所用光源的波长等因素有关,因此常用比旋光度$[\alpha]$,即单位浓度和单位长度下的旋光度,来表示物质的旋光性。测定比旋光度,可以检验旋光性物质的纯度和含量。

本实验使用旋光仪测定液体有机物的旋光度。旋光仪工作原理请参见本书3.5.3节的相关内容。

三、仪器与试剂

（1）仪器:旋光仪、容量瓶。
（2）试剂:葡萄糖、蒸馏水等。

四、实验步骤

（1）在测定样品前,需要先校正旋光仪的零点。接通电源 5 min 后,钠光灯发光正常,即可按下列步骤进行校正:

① 将样品管洗净,左手拿住管子把它竖立,装上蒸馏水,使液面凸出管口。

② 将玻璃盖沿管口边缘轻轻平推盖好,不能带入气泡,旋上螺丝帽盖,以防漏

水,不要过紧。

③ 将样品管外表面擦干,放入旋光仪内,罩上盖子,开启钠光灯,将刻度盘调至零点左右,旋转粗动、微动手轮,使视场内Ⅰ和Ⅱ部分的亮度均一(图 3-20(b)),如此时刻度盘读数不为零,说明零点有误差,应在测量读数中减去或加上这一误差值。

④ 重复操作至少 5 次,取平均值。若零点相差太大,应把仪器重新校正。

(2) 旋光度的测定:

根据需要选择长度适宜的样品管,充满待测液,放好螺丝盖帽使其不漏水,螺帽不宜过紧,过紧使玻璃产生应力,影响计数。将样品管拭净,放入旋光仪内。旋转粗动、微动旋钮调整视场,这时所得的读数与零点之间的差值即为待测液的旋光度。

五、注意事项

(1) 测定时要准确称量 $0.1 \sim 0.5$ g 样品,选择适当溶剂在容量瓶中配制溶液。如因样品导致溶液不清亮,须用定性滤纸加以过滤。

(2) 用比旋光度计算光学纯度(op)公式如下:

$$op = \frac{[\alpha]_D^t \text{观测值}}{[\alpha]_D^t \text{理论值}} \times 100\%$$

(3) 本实验需 $2 \sim 3$ h。

六、思考题

(1) 旋光度和比旋光度有何不同?

(2) 旋光度的测定具有什么实际意义?

(3) 为什么在样品测定前要检查旋光仪的零点? 通常用来做零点检查液的溶剂应符合哪些条件?

(4) 使用旋光仪时有哪些注意事项?

第4章 有机化合物性质实验

实验十一 甲烷和烷烃的性质

一、实验目的

（1）学习甲烷的实验室制法。

（2）验证烷烃的性质。

二、实验原理

烷烃性质比较稳定，在一般条件下，与其他物质不起反应。但在适当的条件下，烷烃也能发生一些反应。甲烷是烷烃中最简单且重要的代表物，是天然气的主要成分，烷烃是我国石油的主要成分，所以对甲烷及烷烃的性质应该有所了解。本实验是通过甲烷和石油醚的性质实验来理解烷烃的一般性质。

甲烷的实验室制法是用醋酸钠与碱石灰作用而得。

$$CH_3COONa + NaOH \xrightarrow[\triangle]{CaO} CH_4\uparrow + Na_2CO_3$$

这个反应常有副产物乙烯产生，能使溴及高锰酸钾溶液褪色。如用碳原子稍多的羧酸盐与碱石灰共热，则产物更复杂。故不可能用此法制备纯烷烃。

三、仪器与试剂

（1）仪器：铁架台、试管、导气管、具支试管、水槽、漏斗、研钵、酒精灯。

（2）试剂：无水醋酸钠、碱石灰、氢氧化钠、1%溴的四氯化碳溶液、0.1%高锰酸钾溶液、10%硫酸溶液、浓硫酸、石油醚。

四、实验装置图

实验装置如图 4-1 所示。

五、实验步骤

1. 甲烷的制备

把仪器连接好，其中作为反应器用的试管（25 mm×80 mm）要使用硬质且干燥的。给试

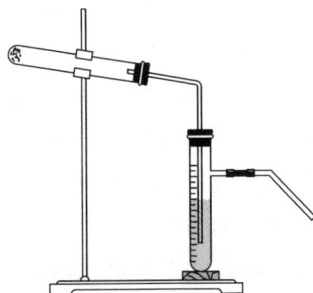

图 4-1 甲烷制备装置

管配橡皮塞,打一孔,插入玻璃导气管,把试管斜置使管口稍低于管底。具支试管中加入约 10 mL 浓硫酸。

检查装置确认不漏气后,把 5 g 无水醋酸钠和 3 g 碱石灰以及 2 g 粒状氢氧化钠放在研钵中研细充分混合,立即倒入试管中,从底部往外铺。塞上配好的带有导气管的橡皮塞,先用小火徐徐均匀地加热整支试管,再强热靠近试管口的反应物,使该处的反应物反应后,逐渐将火焰往试管底部移动。估计空气排尽后,进行后面的性质实验。

2. 甲烷和烷烃的性质实验

(1)卤代:在 2 支小试管中分别加入 1% 溴的四氯化碳溶液 0.5 mL,其中 1 支用黑布或黑纸包裹好。分别向 2 支试管中通入甲烷气体约 30 s(注意用黑布包裹的试管通甲烷时尽量避光)。试比较 2 支试管中液体的颜色是否相同,有什么变化? 为什么?

(2)高锰酸钾实验:向 1 支试管中加入 0.1% 高锰酸钾溶液 1 mL 和 10% 硫酸溶液 2 mL,振荡混匀,通入甲烷气体约 30 s,观察颜色有什么变化。这说明了什么问题?

(3)爆炸实验:用排水集气法收集 1/3 体积的甲烷和 2/3 体积的氧气,塞好塞子后取出试管,用布包好试管的大部分,只留出试管口,一手拔塞子,一手迅速把试管口靠近火焰,有何现象?

(4)可燃性实验:用安全点火法。将导气管浸没于水槽的水面下,导气管出口的上面倒立一个小漏斗,漏斗管口连接尖嘴玻璃管,当估计漏斗的空气排尽后,在尖嘴上点火,甲烷能否燃烧? 火焰的颜色怎样?

(5)取石油醚(或液状石蜡)0.5 mL,照(1)和(2)两项所列步骤进行烷烃性质的实验。有什么结果?

六、注意事项

(1)无水醋酸钠的制法如下:将醋酸钠的晶体($CH_3COONa \cdot 3H_2O$)15 g 放在瓷蒸发皿内,在玻璃棒不断搅拌下加热,醋酸钠晶体溶解于结晶水中(约 58 ℃)。随着温度的升高,水分逐渐蒸发,得到白色的固状物(约 120 ℃),继续加热至固体熔融为止,但温度勿超过醋酸钠的熔点(324 ℃),以免醋酸钠分解为丙酮及碳酸钠。在搅拌下稍冷却,即得无水醋酸钠,趁热在研钵中研细,立即储存于密闭的容器内备用。

因为醋酸钠是碱性物质,受热熔融后易外溅,所以要小心操作,防止溅入眼内。搅拌既可减少熔融物的外溅,又可使熔融物冷却后不致结成硬块粘在蒸发皿上,故在制备过程中要在不断搅拌下加热。如果用市售的无水醋酸钠,在使用前应在 105 ℃烘箱中烘去水分。

(2)碱石灰由氢氧化钠和生石灰共热而得。使用前应烘干,再与无水醋酸钠混合。用碱石灰比用氢氧化钠好,用碱石灰有以下三个优点:

① 碱石灰容易粉碎,易与醋酸钠混匀,同时使生成的甲烷气体容易逸出;

② 减少对试管的腐蚀;

③ 当有水存在时不利于甲烷的生成,氢氧化钠的吸湿性很强,而碱石灰便可以克服这个缺点。

(3) 适当添加些苛性钠混合研细,可加快反应速率。

(4) 若先在试管底部加热,后及管口,则生成的甲烷气体常会冲散反应物,采用从管口到管底的加热方法,则可避免上述的缺点。

(5) 纯甲烷的火焰是淡蓝色的。但在此反应中有副产物丙酮生成。杂有丙酮蒸气的甲烷的火焰便带有黄色,为了使实验结果更接近甲烷的焰色,可采取下列两项措施:

① 将试管口稍向下倾斜,生成的丙酮受热汽化后再冷却,积液留在试管口,减少丙酮蒸气混入甲烷中的机会,同时又可避免丙酮倒流回试管底部,引起试管破裂。

② 尽管如此,甲烷气体中仍杂有少量的丙酮蒸气,故需再经水洗或碱洗,使丙酮溶解于其中而除去。

由于点燃甲烷和空气 1:10 的混合气体时会发生爆炸,因此,做可燃性实验的甲烷必须是纯的,故要在做完了甲烷的(1)、(2)、(3)实验后才进行,方能保证甲烷的纯度。

在导气管口直接点火燃烧甲烷容易引起爆炸,故本实验采用安全点火法。

实验毕,应先将导气管移出水面,才能熄灭酒精灯,防止水倒流而使试管破裂。

(6) 石油醚是烷烃的混合物,但常含少量不饱和烃。故用石油醚做烷烃的性质实验时,必须先除去不饱和烃,方法是用浓硫酸洗涤,步骤如下:量取 80 mL 石油醚,置于分液漏斗中,加入 8 mL 浓硫酸,充分振摇后,静置分层,放去下层浓硫酸,再加入 3 mL 浓硫酸,重复上述操作,直至除净不饱和烃为止(用高锰酸钾溶液检查)。然后用水洗涤 2 次,每次用水 40 mL,彻底分净水层后,所得石油醚放入干燥的锥形瓶中,加入 2~3 g 无水氯化钙,用软木塞塞好,不时振摇。30 min 后,将澄清的石油醚用滤纸及干燥漏斗滤入小蒸馏烧瓶内,在热浴上蒸馏,收集 60~120 ℃馏分,便可供实验用。

七、思考题

(1) 烷烃与高锰酸钾溶液、溴有无反应? 在光照下能否与溴起反应? 用游离基反应历程作解释。

(2) 进行酸性高锰酸钾溶液实验的目的是什么? 实验中往往会出现紫色褪去的现象,这是什么原因?

(3) 安全点火法有什么好处?

(4) 煤矿井下的瓦斯爆炸是由什么引起的?

实验十二　　芳烃的性质

一、实验目的

（1）掌握芳烃的化学性质,重点掌握取代反应的条件。

（2）了解游离基的存在及化学检验方法。

（3）掌握芳烃的鉴别方法。

二、实验原理

芳香烃具有芳香性。

苯是最典型的芳烃,被视为芳烃的母体,在化学性质上相当稳定,不易被氧化,容易发生亲电取代反应,如卤代、硝化、磺化和烷基化及酰基化反应。当苯环上有取代基时,会影响取代反应的反应速率,供电子基团活化苯环使亲电取代反应容易进行,吸电子基团则使反应较难进行。

在氧化反应中,应注意苯环比较稳定,要使苯环破裂需较激烈的条件,但苯的同系物则较易被氧化,其结果是,苯环不破裂,而侧链则被氧化为羧基。

三、仪器与试剂

（1）仪器:试管、橡皮管、石蕊试纸、烧杯、水浴锅、点滴板、棉花等。

（2）试剂:苯、甲苯、环己烯、二甲苯、萘、己烷、环己烷、四氯化碳、0.5%高锰酸钾溶液、10%硫酸溶液、浓硫酸、20%溴的四氯化碳溶液、饱和 NaCl 溶液、铁屑、10% NaOH 溶液、浓硝酸、去离子水、氨水、无水 $AlCl_3$。

四、实验步骤

1. 高锰酸钾溶液氧化

在 3 支试管中,分别加入 0.5 mL 苯、甲苯、环己烯,再分别加入 1 滴 0.5%高锰酸钾溶液和 0.5 mL 10%硫酸溶液,剧烈振摇,必要时在 60～70 ℃水浴中加热 10～15 min,观察并比较苯、甲苯、环己烯与氧化剂作用的现象。

2. 芳烃的取代反应

1）溴代

（1）光对溴代反应的影响。

在 3 支小试管中,分别加入等体积待测试样(苯、甲苯和二甲苯),使液柱高度为

3~4 cm,把每支试管套上约 1.5 cm 高的橡皮管或黑纸筒,使液面免受光直射。

在每支试管中各加入 3~4 滴溴的四氯化碳溶液,振荡混匀后,把试管放在离光源 2~3 cm 处(或日光下),使每支试管上光照射强度基本上相等。观察哪支试管褪色最快,哪支试管褪色最慢,哪支试管变化不大,试解释。然后拿掉遮光的橡皮管或黑纸筒,并观察未受光照射部分液柱中溴的颜色是否褪去。可观察到明显的界面。

试管口用湿润的石蕊试纸测试,有何现象?

(2) 催化剂对溴代反应的影响。

取 1 支试管,加入 3 mL 苯、0.5 mL 20% 溴的四氯化碳溶液,再加入少量铁屑或铁粉,在 3 只小烧杯中分别加入 10 mL 碱液(10%NaOH 溶液)、去离子水、氨水。

水浴加热试管,使之微沸(注意控制加热速度),然后分别用上述 3 只小烧杯的液体吸收,观察各有何现象。待反应完毕后,将反应液倒入盛有 10 mL 水的小烧杯中,振荡片刻,静置几分钟,观察有何现象。

2) 磺化

在 4 支试管中分别加入 1.5 mL 苯、甲苯、二甲苯和 0.5 g 萘,各加入 2 mL 浓硫酸,将试管在水浴中加热到 75 ℃ 左右(不能超过 80 ℃),随时强烈振荡(萘常在液面外的管壁上析出固体),若反应液不分层则表示反应完成。观察、比较各样品反应活性差异并予以解释。把各反应的混合物分成两份,一份倒入盛 10 mL 水的小烧杯,另一份倒入盛 10 mL 饱和 NaCl 溶液的烧杯中,观察现象。

3) 硝化

(1) 一硝基化合物的制取:在干燥的大试管中加入 3 mL 浓硝酸,在冷却下逐滴加入 4 mL 浓硫酸,冷却,振荡,然后将混酸分成两份,分别在冷却下滴加 1 mL 苯、甲苯,充分振荡,必要时在 60 ℃ 以下的水浴中加热数分钟,再分别倾入 10 mL 冷水中,搅拌、静置,观察生成物(浅黄色油状物),并注意有无苦杏仁味。

(2) 二硝基化合物的制取:在干燥的大试管中,加入 2 mL 浓硝酸,在冷却下逐滴加入 4 mL 浓硫酸,冷却,逐滴加 1.5 mL 苯,在沸水中加热 10 min,冷却,倒入盛有 40 mL 冷水的烧杯中,观察现象并解释。

3. 芳烃的显色反应

(1) 甲醛-硫酸实验:将 30 mg 固体试样(液体试样则用 1~2 滴)溶于 1 mL 非芳烃溶剂(如己烷、环己烷、四氯化碳)中。取此溶液 1~2 滴,加到点滴板上,再加一滴试剂。当加入试剂后,注意观察颜色变化。

(2) 无水 $AlCl_3$-$CHCl_3$ 实验:具有芳香结构的化合物通常在无水 $AlCl_3$ 存在下与氯仿反应生成有颜色的产物。

取 1 支干燥的试管,加入 0.1~0.2 g 无水 $AlCl_3$,试管口放少量棉花,加热使

AlCl$_3$升华并结晶在棉花上。取升华的 AlCl$_3$ 粉末少许,置于点滴板孔内,滴加 2～3 滴样品,即可观察到特征颜色的产生。

五、注意事项

(1) 如有阳光,可用阳光照射,也可以采用镁条燃烧的光。

(2) 也可用黑纸包住整支试管过一段时间,不褪色,然后取去黑纸放在灯光或阳光下照射即褪色。

(3) 整套装置所用导管必须干燥,否则现象不明显。

(4) 漏斗应距液面约 1 cm,切勿浸于液面下,用水或碱液都可吸收 HBr,后者更易吸收,而氨水则与 HBr 生成白色的 NH$_4$Br,不用氨水吸收时也可看到漏斗内出现白雾,这是反应所产生的 HBr 溶于空气中的水蒸气而成。反应完毕,分别从三杯吸收液中取 1 mL,置于 3 支小试管中,加入硝酸银溶液 2～3 滴,立即生成淡黄色溴化银沉淀。

(5) 本实验的条件下,生成黄色油状液体,比水重,沉于烧杯底部,具有苦杏仁味。如反应不完全,则有剩余的苯残留于硝基苯中,当倾入水中后以油状物浮于水面,若搅拌后仍不能沉于水底,则应重做。

六、思考题

(1) 在进行"催化剂对溴代反应的影响"这项实验时,宜采用什么样的反应装置? 为什么?

(2) 苯和萘在无水 AlCl$_3$ 存在下与氯仿反应生成的产物分别是什么颜色? 试通过查阅文献资料解释上述现象。

实验十三　醇和酚的性质

一、实验目的

(1) 进一步认识醇类的一般性质。

(2) 比较醇、酚的化学性质的差异。

(3) 认识羟基和烃基的相互影响。

二、实验原理

醇和酚的结构中都含有羟基,但醇中的羟基与烃基相连,酚中羟基与芳环直接连接,因此它们的化学性质有很多不相同的地方。

三、仪器与试剂

（1）仪器：试管、水浴锅、玻璃棒。

（2）试剂：甲醇、乙醇、丁醇、辛醇、钠、酚酞、仲丁醇、叔丁醇、浓盐酸、1% $KMnO_4$ 溶液、异丙醇、5% NaOH 溶液、10% $CuSO_4$ 溶液、乙二醇、甘油、苯酚、pH 试纸、饱和溴水、1% KI 溶液、苯、浓硫酸、浓硝酸、5% Na_2CO_3 溶液、0.5% $KMnO_4$ 溶液、$FeCl_3$ 溶液。

四、实验步骤

1．醇的性质

1）比较醇的同系物在水中的溶解度

在 4 支试管中各加入 2 mL 水，然后分别滴加 10 滴甲醇、乙醇、丁醇、辛醇，振摇并观察溶解情况。如已溶解，则再加 10 滴样品，观察。可得出什么结论？

2）醇钠的生成及水解

在干燥的试管中，加入 1 mL 无水乙醇，然后将一小粒表面新鲜的金属钠投入，观察现象，检验气体。待金属钠完全消失后，向试管中加入 2 mL 水，滴加酚酞指示剂，将观察到的现象进行解释。

3）醇与 Lucas 试剂的作用

在 3 支干燥的试管中，分别加入 0.5 mL 正丁醇、仲丁醇、叔丁醇，再加入 Lucas 试剂 2 mL，振荡，保持 26～27 ℃，观察 5 min 及 1 h 后混合物的变化，记录混合物变混浊和出现分层的时间。

4）醇的氧化

在试管中加入 1 mL 乙醇，滴入 2 滴 1% $KMnO_4$ 溶液，充分振荡后将试管置于水浴中微热，观察溶液颜色的变化，写出有关的化学反应式。以异丙醇和叔丁醇做同样实验，其结果如何？

5）多元醇与 $Cu(OH)_2$ 作用

用 6 mL 5% NaOH 溶液及 10 滴 10% $CuSO_4$ 溶液，配制成新鲜的 $Cu(OH)_2$，待沉淀完全后平均分到 3 支试管中，然后往试管中分别加入 5 滴 95% 乙醇、乙二醇和甘油并振荡摇匀，观察现象。

2．酚的性质

1）苯酚的酸性

在试管中盛放苯酚的饱和水溶液 6 mL，用玻璃棒蘸一滴于 pH 试纸上试验其酸性。

将上述苯酚的饱和溶液一分为二，一份作为空白对照，于另一份中逐渐滴入 5%

NaOH 溶液,边加边振荡,直至溶液清亮为止(说出溶液变清的原因),通入 CO_2 到呈酸性,又有何现象发生? 写出有关的化学反应式。

2)苯酚与溴水作用

取苯酚的饱和水溶液 2 滴,用水稀释至 2 mL,逐渐滴入饱和溴水。当溶液中开始析出的白色沉淀转变为淡黄色时,即停止滴加,然后将混合物煮沸 1～2 min,以除去过量的溴。冷却后又有沉淀析出,再在混合物中滴入数滴 1% KI 溶液及 1 mL 苯,用力振荡,沉淀溶于苯中,析出的碘使苯层呈紫色,观察现象。

3)苯酚的硝化

取苯酚 0.5 g,置于干燥的试管中,滴加 1 mL 浓硫酸,摇匀,在沸水浴中加热 5 min,并不断振荡,使反应完全,冷却后加水 3 mL,小心地逐渐滴加 2 mL 浓硝酸,振荡均匀,置于沸水浴上加热至溶液呈黄色,取出试管,冷却,观察有无黄色结晶析出,这是什么物质?

4)苯酚的氧化

取苯酚的饱和水溶液 3 mL,置于试管中,加 5% Na_2CO_3 溶液 0.5 mL 及 0.5% $KMnO_4$ 溶液 1 mL,边加边振荡,观察现象。

5)苯酚与 $FeCl_3$ 作用

取苯酚的饱和水溶液 2 滴,放入试管中,加入 2 mL 水,并逐滴滴入 $FeCl_3$ 溶液,观察颜色变化。

五、注意事项

(1)制备醇钠时,如果反应停止后溶液中仍有残余的钠,应该先用镊子将钠取出,放在酒精中破坏,然后加水。否则,金属钠遇水,反应剧烈,不但影响实验结果,而且不安全。

(2)Lucas 试剂可用于各种醇的鉴别和比较。含 6 个以下碳的低级醇均与 Lucas 试剂作用,生成不溶性的氯代烷,使反应液出现混浊,静置后分层明显。

(3)由于苯酚的羟基的邻对位氢易被浓硝酸氧化,可以在硝化前先进行磺化,利用磺酸基将邻、对位保护起来,然后用—NO_2 置换—SO_3。

(4)加浓硝酸前,溶液必须先充分冷却。否则,会有溶液冲出的危险。

(5)酚类或含有酚羟基的化合物,大多数能与 $FeCl_3$ 溶液发生各种特有的颜色反应,产生颜色的原因主要是生成了电离度很大的酚铁盐。

$$FeCl_3 + 6C_6H_5OH \longrightarrow [Fe(OC_6H_5)_6]^{3-} + 6H^+ + 3Cl^-$$

(6)加入酸、乙醇或过量的 $FeCl_3$ 溶液,均能减小酚铁盐的电离度,有颜色的阴离子浓度也就相应降低,反应液的颜色将褪去。

六、思考题

（1）用 Lucas 试剂检验伯、仲、叔醇的实验成功的关键何在？对于 6 个碳以上的伯、仲、叔醇是否都能用 Lucas 试剂进行鉴别？

（2）与氢氧化铜反应产生绛蓝色是邻羟基多元醇的特征反应，此外，还有什么试剂能起类似的鉴别作用？

实验十四　醛和酮的性质

一、实验目的

（1）进一步加深对醛、酮的化学性质的认识。

（2）掌握鉴别醛、酮的化学方法。

二、实验原理

醛和酮都含有羰基，可与 2,4-二硝基苯肼、亚硫酸氢钠、羟胺、氨基脲等羰基试剂发生亲核加成反应，所得产物经适当处理可得原来的醛、酮，这些反应可用来分离提纯和鉴别醛、酮。此外，甲基酮还可以发生碘仿反应。利用 Tollen 试剂、Benedict 试剂、Schiff 试剂或铬酸试剂可将醛、酮加以区别。

三、仪器与试剂

（1）仪器：试管、玻璃棒、水浴锅、吸量管、天平。

（2）试剂：2,4-二硝基苯肼、乙醇、饱和亚硫酸氢钠溶液、氨基脲盐酸盐、醋酸钠、10％NaOH 溶液、碘-碘化钾溶液、Schiff 试剂、浓盐酸、浓硫酸、Tollen 试剂、Fehling A、Fehling B、Benedict 试剂、丙酮、铬酸试剂、甲醛、乙醛、苯甲酮、二苯甲酮、苯甲醛、3-戊酮、庚酮、3-己酮、苯乙醛、异丙醛、1-丁醇、苯乙酮、环己酮、异丙醇、叔丁醇。

四、实验步骤

1. 醛、酮的亲核加成反应

1）2,4-二硝基苯肼实验

在 5 支小试管中，各装入 1 mL 2,4-二硝基苯肼试剂，然后分别滴加 1～2 滴试样（若试样为固体，则先向试管中加入 10 mg 试样，滴加 1～2 滴乙醇或二氧六环使之溶解，再与 2,4-二硝基苯肼试剂作用），摇匀后静置片刻，观察结晶的颜色（若无沉淀析出，微热 30 s，摇匀，静置冷却，再观察）。

试样：甲醛、乙醛、丙酮、苯甲酮、二苯甲酮。

2）与饱和亚硫酸氢钠溶液加成

在 4 支试管中分别加入 2 mL 新配制的饱和亚硫酸氢钠溶液，然后分别滴加 1 mL 试样，用力振荡摇匀后，置于冰水中冷却数分钟，观察、比较沉淀析出的相对速度。

试样：苯甲醛、乙醛、丙酮、3-戊酮。

3）缩氨基脲的制备

将 0.5 g 氨基脲盐酸盐、1.5 g 醋酸钠溶于 5 mL 蒸馏水中，然后分装入 4 支试管中，各加入 3 滴试样和 1 mL 乙醇，摇匀。将 4 支试管置于 70 ℃ 左右的水浴中加热 15 min，然后各加入 2 mL 水，移去灯焰，在水浴中再放置 10 min，待冷却后再将试管置于冰水中，用玻璃棒摩擦试管壁，直至结晶完全。

试样：庚酮、3-己酮、苯乙酮、丙酮。

2．醛、酮 α-H 的活泼性：碘仿实验

在 5 支试管中分别加入 1 mL 蒸馏水和 3～4 滴试样（若试样不溶于水，则加入几滴二氧六环使之溶解），再分别滴加 1 mL 10％NaOH 溶液，然后滴加碘-碘化钾溶液至呈浅黄色（边滴边摇）。继续振荡，溶液的浅黄色逐渐消失，随之析出黄色沉淀。若未生成沉淀或出现白色乳浊液，可将试管放在 50～60 ℃ 水浴中温热几分钟（若溶液变成无色，应补加几滴碘-碘化钾溶液），观察结果。

试样：乙醛、丙酮、异丙醇、1-丁醇。

3．醛、酮的区别

1）Schiff 实验

在 5 支试管中分别加入 1 mL Schiff 试剂（品红醛试剂），滴加 2 滴试样，振荡摇匀，放置数分钟。然后分别向溶液显紫红色的试管逐滴加入浓盐酸或浓硫酸，边滴边摇，注意观察溶液颜色的变化。

试样：甲醛、乙醛、丙酮、苯乙酮、3-戊酮。

2）Tollen 实验

在 5 支洗得十分干净的小试管中分别加入 1 mL Tollen 试剂，然后分别加入 2 滴试样，摇匀后静置数分钟。若无变化，可将试管放在 50～60 ℃ 水浴中加热几分钟。观察银镜的生成。

试样：甲醛、乙醛、苯甲醛、丙酮、环己酮。

3）Fehling 实验

在 4 支试管中分别加入 0.5 mL Fehling A 和 0.5 mL Fehling B 溶液，振荡摇匀后，分别滴加 3～4 滴试样，再振荡摇匀后，静置于沸水中加热 3～5 min，注意观察颜色的变化。

试样：甲醛、乙醛、苯甲醛、丙酮。

4）Benedict 实验

用 Benedict 试剂代替 Fehling 试剂重复上述实验。

5）铬酸实验

在 6 支试管中分别加入 1 滴液体试样，然后分别加入 1 mL 丙酮，振荡摇匀，再加入铬酸试剂数滴，边加边摇。若试剂的橙黄色消失并析出绿色沉淀（或混浊），则为阳性反应。

试样：丁醛、苯甲醛、环己酮、乙醇、异丙醇、叔丁醇。

五、注意事项

（1）乙醇溶剂应尽可能少且不含醛，若乙醇溶剂被空气氧化成醛，也会给出阳性反应。

（2）析出的晶体一般为黄色、橙色、橙红色：非共轭的醛、酮生成黄色沉淀，共轭醛、酮生成橙红色沉淀，含长共轭链的羰基化合物则生成红色沉淀。要弄清沉淀真实的颜色，可将沉淀分离出来并加以洗涤。

（3）若无沉淀析出，可用玻璃棒摩擦试管或加 2～3 mL 乙醇并摇匀，静置 2～3 min，再观察现象。

（4）醛及甲基酮易与亚硫酸氢钠发生加成反应，羰基化合物的结构和位阻效应对加成反应的反应速率影响很大。

（5）若羰基化合物可溶于水，不用加乙醇。

（6）所有试管最好依次用温浓硝酸、水、蒸馏水洗净。

六、思考题

（1）醛和酮与氨基脲的加成实验中，为什么要加入醋酸钠？

（2）Tollen 试剂为什么要在临用时才配制？Tollen 实验完毕后，应加入硝酸少许，立刻煮沸洗去银镜，为什么？

（3）如何用简单的化学方法鉴定下列化合物？

环己烷、环己烯、环己醇、丁醛、苯甲醛、丙酮。

实验十五　环己酮、糠醛与氨基脲的竞争反应

一、实验目的

（1）通过环己酮、糠醛与氨基脲在不同条件下竞争反应生成产物的不同，证明由动力学控制和热力学控制的有机化学反应的主要产物是不同的。

（2）掌握分光光度计的使用方法。

二、实验原理

一些有机化合物的反应在不同的条件下可以得到不同的产物,从反应进程的角度来研究,这是由于这些反应能通过两条具有不同活化能的途径进行。

如果反应通过较低活化能的那一条途径来进行,并且由此而生成的产物是反应的主要产物,那么这一反应就是受动力学控制的,或者称为受速率控制的。在较低温度下,反应更倾向于通过活化能较低的路径进行,即在低温反应条件下,反应产物受动力学控制。

如果反应是在有利于两个产物彼此处于平衡状态的条件下进行,那么更为稳定的产物常常是占优势的主要产物,这种反应就称为受热力学控制的,或称为受平衡控制的,提高温度、延长反应时间有利于热力学控制反应的进行。

图 4-2 所示的两条曲线说明了两个类似的反应进程。

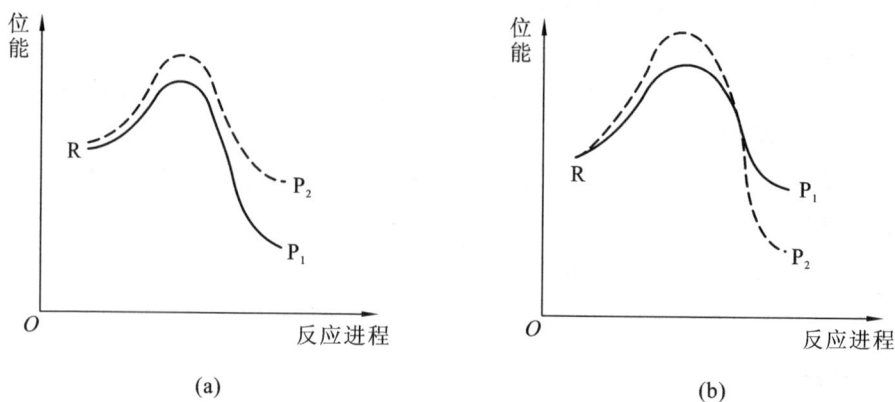

（a）　　　　　　　　　　　　　（b）

图 4-2　环己酮、糠醛与氨基脲的竞争反应进程曲线

（R 代表反应物,P_1 和 P_2 分别代表产物）

从图 4-2(a)中可以看到,产物 P_1 的位能比 P_2 低,稳定性比 P_2 高,而且 P_1 的过渡态所需要的活化能也比 P_2 低,因此无论从动力学控制的角度还是热力学控制的角度来讲,P_1 都是反应的主要产物。但图 4-2(b)中情况就不同了,P_2 的位能较低,但其过渡态所需要的活化能比 P_1 高,因此当反应以动力学控制时,P_1 为主要产物,因为它的过渡态所需要的活化能比较低,反应容易发生;但当以热力学控制时,则反应的主要产物转变为稳定性较高的 P_2。

环己酮和糠醛(呋喃甲醛)都能与盐酸氨基脲反应,反应产物分别是环己酮缩氨基脲和糠醛缩氨基脲,它们都具有特征熔点。但环己酮与盐酸氨基脲反应的主要产物由动力学控制即速率控制,而糠醛与盐酸氨基脲反应的主要产物由热力学即平衡控制。

$$H_2N-\overset{\overset{\displaystyle O}{\|}}{C}-NHNH_2 + \bigcirc\!\!=\!\!O \longrightarrow H_2N-\overset{\overset{\displaystyle O}{\|}}{C}-NHN\!\!=\!\!\bigcirc + H_2O$$

氨基脲　　　　　　　环己酮　　　　　　　　　　环己酮缩氨基脲

$$H_2N-\overset{\overset{\displaystyle O}{\|}}{C}-NHNH_2 + O\!\!=\!\!C\!\!-\!\!\big\langle\!\!\big\rangle\!\!O \longrightarrow H_2N-\overset{\overset{\displaystyle O}{\|}}{C}-NHN\!\!=\!\!C\!\!-\!\!\big\langle\!\!\big\rangle\!\!O + H_2O$$

氨基脲　　　　　　　糠醛　　　　　　　　　　糠醛缩氨基脲

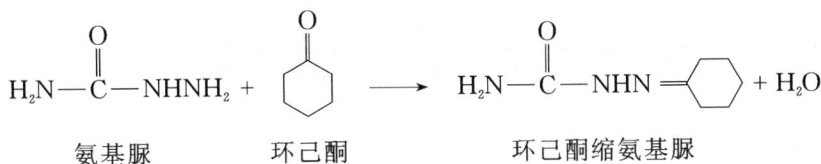

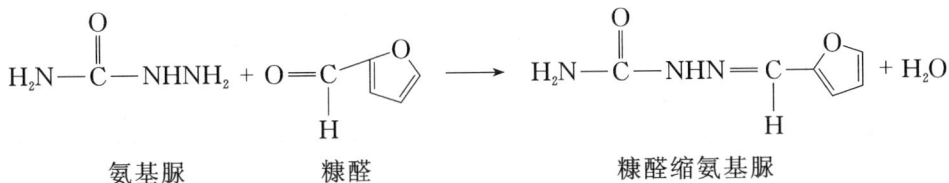

Schiff 试剂与醛作用呈现紫红色,而与酮不反应。环己酮和糠醛与盐酸氨基脲之间的竞争反应可以用 Schiff 试剂与糠醛显色法验证。

三、仪器与试剂

(1) 仪器:试管、分光光度计、恒温水浴槽、电子天平、吸量管等。

(2) 试剂:盐酸氨基脲、Schiff 试剂、磷酸氢二钾、糠醛、环己酮。

四、实验步骤

(1) 配制以下四种溶液:

① 称取 3.0 g 盐酸氨基脲和 6.0 g 磷酸氢二钾(K_2HPO_4),溶于 75 mL 水中(pH=6.1～6.2),此液以 A 表示。

② 吸取 3.0 mL 环己酮与 2.5 mL 糠醛,溶于 15 mL 95%乙醇中。此液以 B 表示。

③ 吸取 1.5 mL 环己酮,溶于 8.5 mL 95%乙醇中。此液以 C 来表示。

④ 吸取 1.3 mL 糠醛,溶于 8.7 mL 95%乙醇中。此液以 D 来表示。

(2) 在 3 支试管中各加入 5 mL A 溶液,在另外 3 支试管中各加入 1 mL B 液,将上述 6 支试管以 A 与 B 对应分为三组,分别放在 0 ℃冰水浴、20 ℃恒温水浴、80 ℃热水浴中热平衡 5 min,再将每组的 A 与 B 混合,振摇 10～15 s,混匀,反应 5 min,把反应试管移至 0 ℃冰水浴,冷却 5 min,迅速过滤沉淀,收集各组反应后的滤液(根据反应温度的不同,分别标记为 L0、L20、L80)。分别取 1.5 mL L0、L20、L80,加 Schiff 试剂 6 mL,摇匀后用分光光度计在 510 nm 波长处,用 1 cm 比色皿,测吸光度(A)。

(3) 分别取 1 mL C 和 D 代替 B 在 0 ℃下进行与上面同样的实验,并测出其相应的吸光度(A),填入表 4-1 中。

表 4-1　吸光度测定

反应物组成	温度/ ℃	比色液组成(反应物与 Schiff 试剂体积比)	吸光度(A)
A 与 B(5:1)	0	1:4	
A 与 B(5:1)	20	1:4	
A 与 B(5:1)	80	1:4	
A 与 C(5:1)	0	1:4	
A 与 D(5:1)	0	1:4	

A 值的大小,表示溶液中剩余糠醛的多少,从而也能说明缩合产物究竟是以什么为主。从实验中可发现,在低温(0 ℃)下,A 值大,主要产物应该是受速率控制的环己酮缩氨基脲;在较高温度(80 ℃)下,A 值减小,溶液中几乎无剩余的糠醛,主要产物应该是受热力学控制的糠醛缩氨基脲。

五、注意事项

(1)实验中所用糠醛必须先重新蒸馏。

(2)Schiff 试剂的配制方法:称取 0.5 g 品红盐酸盐,溶于 500 mL 蒸馏水中,过滤。另取 500 mL 蒸馏水,通入 SO_2,使其饱和。将这两种溶液混匀,储存于密闭的棕色瓶中,静置过夜。

六、思考题

通过实验,如何确定两个缩氨基脲中一个是受速率控制,另一个是受平衡控制的产物?

实验十六　有机化合物的元素定性分析

一、实验目的

(1)学习元素分析的原理。

(2)掌握常见元素的检验方法。

二、实验原理

元素定性分析的目的在于鉴定组成某一有机化合物的元素,以便选择进一步鉴定未知有机样品的途径与方法。元素定性分析又是进行有机样品定量分析的准备阶段。

有机化合物分子中的原子一般以共价键相结合,较难溶于水而电离为相应的离子。必须把有机化合物破坏并转化为简单的无机离子化合物,利用无机分析的方法鉴定。

1. 未知物的元素定性鉴定

未知物包括文献尚未报道的全新的有机物,和文献虽已报道但实验者还未了解的有机物,通过有机定性分析便能知道未知物是哪些化合物。进行未知物鉴定的一般步骤如下。

(1) 观察和物理常数的测定:观察未知物的物态、颜色、气味,得到初步信息;通过熔点、沸点的测定可确定未知物是否需要分离或提纯;未知物在不同溶剂中的溶解情况提供有机物分类的初步根据。

(2) 元素定性分析:鉴定组成未知物的元素,以便缩小范围,确定进一步鉴定的途径与方法。

(3) 官能团鉴定:通过分类化学实验及波谱分析确定未知物的官能团。

(4) 衍生物制备:将未知物转变为另一固体衍生物,测定其熔点及未知物熔点、沸点,进一步确定未知物结构。

2. 碳氢的检验

物质若能燃烧生成带烟的火焰或分解形成炭化物残渣,就说明其中含有碳,但是并非所有的有机化合物受热时都能燃烧或炭化,所以通常的检验方法是将试样与干燥的氧化铜粉末混合后强热,使碳氧化生成二氧化碳,将二氧化碳通入饱和氢氧化钡溶液或石灰水中,若生成白色沉淀,则说明有碳元素存在。

$$Ba(OH)_2 + CO_2 \longrightarrow BaCO_3 \downarrow + H_2O$$
$$Ca(OH)_2 + CO_2 \longrightarrow CaCO_3 \downarrow + H_2O$$

若化合物含有氢则氧化成水,冷却时凝成水珠附在管壁上,或者用无水硫酸铜检出。无水硫酸铜是白色粉末,当它与水作用时可生成蓝色的含结晶水的硫酸铜。

3. 氮、硫的检验

检验这些元素常用钠熔法,即将试样与钠共熔,使有机物中的氮、硫等元素转变为可溶于水的无机化合物,然后分离检验 CN^-、S^{2-} 等离子。

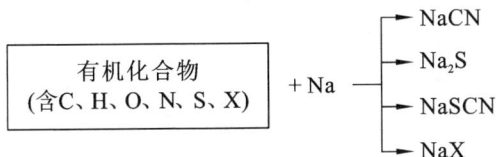

$$\boxed{\begin{array}{c}\text{有机化合物}\\(\text{含}C、H、O、N、S、X)\end{array}} + Na \longrightarrow \begin{cases}\text{NaCN}\\\text{Na}_2\text{S}\\\text{NaSCN}\\\text{NaX}\end{cases}$$

4. 氮的检验

氮元素转变为 CN^-,用生成普鲁士蓝的反应检出。

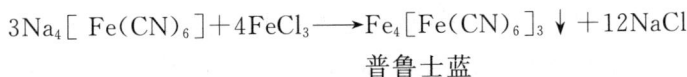

$$FeSO_4 + 6NaCN \longrightarrow Na_4[Fe(CN)_6] + Na_2SO_4$$
$$3Na_4[Fe(CN)_6] + 4FeCl_3 \longrightarrow Fe_4[Fe(CN)_6]_3 \downarrow + 12NaCl$$
普鲁士蓝

5. 硫的检验

用醋酸铅法检出,是将钠熔溶液用醋酸酸化,煮沸后放出硫化氢,使湿润的醋酸铅试纸生成黑褐色的 PbS。

$$Na_2S + 2HAc \longrightarrow H_2S\uparrow + 2NaAc$$

$$H_2S + Pb(Ac)_2 \longrightarrow PbS\downarrow + 2HAc$$

此外,也可在钠熔溶液中加入新制的亚硝基铁氰化钠,如显紫红色则表示有硫。本法颇为灵敏,其反应式为

$$Na_2S + Na_2Fe(CN)_5NO \longrightarrow Na_4Fe(CN)_5(NOS)$$
紫红色

若试样中含氮和硫,在测试时如果钠的用量不足,分解不完全,则不能生成 CN^-、S^{2-},而生成硫氰化钠,可用三氯化铁进行检验,生成血红色的 $Fe(SCN)_3$。

$$3NaSCN + FeCl_3 \longrightarrow Fe(SCN)_3 + 3NaCl$$

6. 卤素的检验

卤化银沉淀法将钠熔溶液用稀硝酸酸化,煮沸驱除氰化氢和硫化氢后,加硝酸银溶液,如生成 AgX 沉淀,则说明含有卤素。根据析出沉淀的颜色可以初步推测为何种卤离子。

$$NaX + AgNO_3 \longrightarrow AgX\downarrow + NaNO_3$$

氯化银为白色沉淀,溴化银为浅奶黄色沉淀,碘化银为黄色沉淀,而氟化银则是水溶性的。

焰色法(Beilstein test):用铜丝黏附含有卤素的有机化合物,放在灯焰上灼烧,生成卤化亚铜(Cu_2X_2)绿色火焰。但是,这个反应并非卤素的特有反应,因为含硫等一些有机化合物在此情况下也能发生绿色火焰。

上述方法仅仅表明是否含卤素,究竟含有哪一种卤素,还需要进一步检测。

溴和碘的检定:向煮沸过的酸性试液中加入四氯化碳和氯水,如四氯化碳液层中呈现紫色则表明有碘,若继续加入氯水,紫色渐褪而出现棕色则表明有溴。

$$2I^- + Cl_2 \longrightarrow 2Cl^- + I_2 \qquad\qquad \text{(四氯化碳中出现紫色)}$$

$$I_2 + 5Cl_2 + 6H_2O \longrightarrow 2IO_3^- + 12H^+ + 10Cl^- \quad \text{(四氯化碳中紫色褪去)}$$
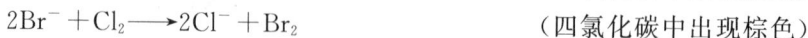
$$2Br^- + Cl_2 \longrightarrow 2Cl^- + Br_2 \qquad\qquad \text{(四氯化碳中出现棕色)}$$

氯的检定(有氮、硫、溴和碘共存时):在煮沸过的酸性试液中先加入硝酸银溶液,使所有的卤化银全部沉淀下来,然后加入大量的氨水并滤去不溶物,将滤液酸化后加硝酸银,如有白色沉淀则表示有氯。

三、仪器与试剂

(1)仪器:普通试管、硬质试管、铁架台、导管、酒精灯、镊子、烧杯等。

(2)试剂:钠、蔗糖、苯甲酸、氧化铜、硫酸亚铁、亚硝基铁氰化钠、醋酸铅试纸、对氨基苯磺酸、对二氯苯、碘仿、四氯化碳、饱和氢氧化钡溶液、10%醋酸溶液、10%氢氧化钠溶液、5%三氯化铁溶液、浓硫酸、10%硫酸溶液、5%硝酸溶液、稀盐酸、5%硝酸银溶液、新制氯水、0.1%氨水、0.5%过硫酸钠溶液。

四、实验步骤

1. 碳和氢的检验

取 0.2 g 干燥的试样(蔗糖($C_{12}H_{22}O_{11}$)或苯甲酸(C_6H_5COOH))与 1 g 干燥的氧化铜粉末,放在表面皿上混匀,把它放入干燥的硬质试管中。配一个单孔软木塞,插入 1 支曲导管,另一端插入盛有饱和氢氧化钡溶液的普通试管中,将装有试样的试管横夹在铁架台上,试管口稍低于底部。用灯焰先在装有试样的试管上部开始加热,逐渐移至试管底部,然后在试料的中部强热,如果在试管壁上有水滴出现,则证明试样中含有氢,如氢氧化钡溶液出现白色混浊或者有沉淀析出,则证明含有碳。实验完毕,先将导管从氢氧化钡溶液中取出,然后熄灭灯焰。

2. 氮、硫、卤素的检验

1) 钠熔法分解试样

取干净的硬质试管(120 mm×12 mm)1 支,用铁夹垂直固定于铁架台上。用镊子取金属钠小块,用小刀切取一粒表面光滑、大小如黄豆的金属钠,用滤纸拭干钠表面附着的煤油,迅速投入试管中,立即在试管底部强热,使钠熔化。当钠的蓝白色蒸气高达 10~15 mm 时,立即加入约 0.1 g 的固体试样使其直落管底,强热至试管红热时,再加热 1~2 min 使试样全部分解,立即将红热的试管浸入盛有 15 mL 纯水的小烧杯中,使试管底部破裂。煮沸,除去试管较大块的玻璃碎片,过滤,用 5 mL 纯水洗涤残渣,得无色透明的钠熔溶液。如果溶液呈棕色时,表示试样加热不足,分解不完全,要重做。

2) 硫的检定

(1) 取 2 mL 钠熔溶液于小试管中,加入 10%醋酸溶液使呈酸性,煮沸,将湿润的醋酸铅试纸置于试管口,若有棕黑色斑迹,证明含有硫。

(2) 取一小粒亚硝基铁氰化钠,溶于数滴水中,将此溶液滴入盛有 1 mL 钠熔溶液的试管中,如有硫存在则混合液呈紫红色或棕红色。

3) 氮的检定

(1) 取 2 mL 钠熔溶液,加入几滴 10%氢氧化钠溶液,再加入一小粒硫酸亚铁晶体(或 3~4 滴新配的饱和硫酸亚铁溶液),将混合液煮沸 1 min,如有黑色硫化铁沉淀,须过滤除去(也可用吸管小心吸出上层清液,弃去残渣。若上面实验中不含硫,则无须过滤),冷却后,加 2~3 滴 5%三氯化铁溶液,再加 10%硫酸溶液使氢氧化铁沉淀恰好溶解,如有蓝色沉淀生成则表明含有氮。

(2) 取 1 mL 钠熔溶液,加入几滴稀盐酸,再加入 1~2 滴 5%三氯化铁溶液,如出现血红色则表明试样同时含有氮和硫。

4）卤素的检定

若在上述硫和氮检定中呈阴性，则可取 1 mL 钠熔溶液于小试管中，用 5% 硝酸溶液酸化，在通风橱里煮沸，逐去 HCN 和 H_2S（均有毒，勿吸入！若上面实验结果不含氮和硫，则不需煮沸），放冷后加几滴 5% 硝酸银溶液，如有沉淀表明含有卤素。

（1）溴与碘的检定：取滤液 2 mL，用稀硫酸酸化，微沸数分钟，冷却后加入 1 mL 四氯化碳和 1 滴新配制的氯水，如四氯化碳层中呈现紫色表示溶液中含有碘。继续加入氯水，边加边振摇，如紫色渐褪，出现棕黄色则表明含有溴。

（2）氯的检定：若按前法检定含有卤素，而又不含溴和碘，则已证明所含卤素为氯。

（3）若同时含有硫、氮、溴和碘，则取 10 mL 滤液，用稀硝酸酸化，在通风橱里煮沸除去硫化氢和氰化氢后，加入充分的硝酸银溶液，使卤化银沉淀完全。过滤，弃去滤液，沉淀用 30 mL 水洗涤，再与 20 mL 0.1% 氨水一起煮沸 2 min，将不溶物过滤除去，在此滤液中加硝酸酸化，然后滴加硝酸银溶液，如有白色沉淀或白色混浊出现，表明含有氯。

（4）检验氯的另一方法是，取 2 mL 钠熔溶液，加入 2 mL 浓硫酸和 0.5% 过硫酸钠溶液，煮沸数分钟，将溴和碘全部除去，然后取清液，滴加 5% 硝酸银溶液，如有白色沉淀或白色混浊出现，则表明含有氯。

五、注意事项

（1）氧化铜常潮湿，若不预先干燥，则和试样共热时，其中水蒸气逸出凝集在试管壁，往往会被误认为是样品分解生成的水。干燥的方法是将氧化铜放在坩埚中，强热数分钟把水分完全逐去，放在干燥器中储存备用，样品也须预先干燥，除去水分或结晶水。

（2）金属钠是放在煤油中保存的，取用时不要让它接触手和水，也不能放置在空气中太久。切取时，要切去其外表的氧化物，取有金属光泽的部分。

（3）钠的加热时间应控制好，因为钠非常活泼，在加热时易被氧化。当钠熔成金属小球，并开始出现蓝白色蒸气即可，如加热时间太长，试管内的金属钠由液态变为白色固体物质后再投入试样，则试样不能完全分解。如出现此现象，则可立即再投入一份钠和一份试样，加热，试样即能完全分解。

（4）实验步骤 2 中使用的固体试样的参考配比，对氨基苯磺酸、对二氯苯、碘仿的质量比为 1∶1∶0.6，按比例混匀固体试样后，再边搅拌边滴加溴丁烷至固体湿润成团。

（5）用角匙取样品，并用玻璃棒拨成团，轻轻推入试管，当钠的蒸气与样品接触时，立刻发生猛烈分解，有时会发生轻微的爆炸或着火，所以当加样品时，操作者的脸部都要远离试管口，以免发生危险。

有些样品与钠共熔时会发生猛烈爆炸，可在钠熔前，加入少量干燥碳酸钠，使之在强热中分解出二氧化碳而缓和剧烈的作用。

对于较易挥发的样品,可与金属钾共熔,因为钠的熔点为 97 ℃,沸点为 880 ℃,而钾的熔点为 62.3 ℃,沸点为 760 ℃。

(6) 当溴和碘同时存在,且碘含量较高时,常使溴不易检出,可用滴管吸出紫色的四氯化碳层,再加入四氯化碳振荡,如仍有紫色出现,可重复上述操作至碘完全被萃取,四氯化碳层呈无色,继续滴加氯水,四氯化碳层呈棕色则表明试样中含有溴。

六、思考题

(1) 进行元素定性分析有何意义?检验其中氮和硫等为什么要用钠(或钾)熔法?

(2) 在滤纸上切取金属钠时,粘在滤纸上的微小的钠碎粒应如何处理?

(3) 鉴定卤素时,若试样含有硫和氮,用硝酸酸化再煮沸,可能有什么气体逸出?应如何正确处理?

实验十七　糖类的性质

一、实验目的

(1) 验证糖类的主要化学性质。
(2) 熟悉糖类的某些鉴定方法。

二、实验原理

糖类通常分为单糖、二糖和多糖,又可分为还原糖和非还原糖。前者含有半缩醛(酮)的结构,能使 Fehling 试剂、Benedict 试剂和 Tollen 试剂还原。不含半缩醛(酮)结构的糖类不具有还原性,称为非还原糖。它不能还原 Fehling 试剂、Benedict 试剂和 Tollen 试剂。

鉴定糖类的定性反应是 Molish 反应,即在浓硫酸作用下,糖类与 α-萘酚作用生成紫色环。酮糖能与间苯二酚显色,而醛糖不能,可用这一反应区别醛糖和酮糖。淀粉的碘实验是鉴定淀粉的很灵敏的方法。

此外,糖脎的晶形、生成时间、糖类的比旋光度对鉴定糖类都有一定意义。糖类由于分子中具有羟基,能被乙酰化和硝化。醋酸纤维素和硝酸纤维素的制备就是利用这一性质。纤维素还能溶于铜氨溶液中,这是人造纤维再生的基础。

本实验主要用葡萄糖、果糖、麦芽糖、乳糖、蔗糖、淀粉和纤维素作样品进行实验,考察糖类结构和化学性质之间的关系。

三、仪器与试剂

（1）仪器：试管、坩埚夹、水浴锅、酒精灯、显微镜、烧杯、锥形瓶、玻璃棒、表面皿。

（2）试剂：5%糖类溶液、10%α-萘酚的 95%乙醇溶液、浓硫酸、间苯二酚溶液、5%果糖溶液、5%葡萄糖溶液、5%麦芽糖溶液、5%蔗糖溶液、Benedict 试剂、Fehling A、Fehling B、5%硝酸银溶液、10%氧氧化钠溶液、稀氨水、5%乳糖溶液、苯肼、浓盐酸、淀粉、胶淀粉溶液、碘-碘化钾溶液、浓硝酸、乙醇-乙醚液、滤纸浆。

四、实验步骤

1. Molish 实验检出糖类化合物

在试管中加入 1 mL 5%糖类溶液，滴入 2 滴 10%α-萘酚的 95%乙醇溶液，混匀后，将试管倾斜 45°，沿试管壁慢慢加入 1 mL 浓硫酸（勿摇动），硫酸在下层，试液在上层，若两层交界处出现紫色环，表示溶液含有糖类化合物。若数分钟内无颜色，可在水浴中温热，再观察结果。

样品：5%葡萄糖溶液、5%果糖溶液、5%麦芽糖溶液、5%蔗糖溶液、5%淀粉溶液、滤纸浆。

2. 间苯二酚实验

取 4 支试管并编号，分别加入间苯二酚溶液 2 mL，再分别加入 1 mL 5%果糖溶液、5%葡萄糖溶液、5%麦芽糖溶液和 5%蔗糖溶液，混匀，于沸水浴中加热 1～2 min，观察颜色变化。加热 20 min 后，再观察有何变化。试解释观察到的现象。

3. Fehling 试剂、Benedict 试剂和 Tollen 试剂检出还原糖

（1）与 Fehling 试剂的反应：取 Fehling 试剂 A 和 B 各 3 mL，混匀后，等分为 6 份，分别置于 6 支试管中，编号。加热煮沸后，分别滴入 0.5 mL 试样，观察并比较结果，注意颜色变化及有无沉淀析出。

样品：5%葡萄糖溶液、5%果糖溶液、5%麦芽糖溶液、5%乳糖溶液、5%蔗糖溶液和 5%淀粉溶液。

（2）与 Benedict 试剂的反应：取 6 支试管，编号，分别加 Benedict 试剂 1 mL。用小火微微加热至沸，再分别加入 0.5 mL 上述 5%的试样溶液。在沸水中加热 2～3 min，放冷，观察有无红色或黄绿色沉淀产生，尤其应注意蔗糖和淀粉的实验结果。解释观察到的现象。

（3）与 Tollen 试剂的反应：取 6 支干净的试管，编号，另取 1 支大试管，加入 10 mL 5%硝酸银溶液，2～3 滴 10%氢氧化钠溶液，振荡下滴加稀氨水（1 mL 浓氨水用 9 mL 水稀释），直到析出的氧化银沉淀恰好溶解为止，此即为 Tollen 试剂。将此 Tollen 试剂等分为 6 份，分别加入上述 6 支试管中，再分别加入 0.5 mL 5%的上述试样溶液。将 6 支试管放在 60～80 ℃热水浴中加热几分钟。观察并比较结果，解释现象。

4．糖脎的生成、晶形的观察和生成时间

为了便于比较生成糖脎所需时间,药品量要准确,并要同时进行。

取 5 支试管,编号,分别加入 1 mL 5％葡萄糖溶液、5％果糖溶液、5％乳糖溶液、5％麦芽糖溶液、5％蔗糖溶液,再分别加入 2 mL 苯肼试剂,充分振荡,将试管放在沸水浴中加热并振荡,观察并记录试管中形成糖脎所需的时间。若 20 min 后无结晶析出,取出试管,放冷后再观察(双糖脎溶于热水中,直到溶液冷却后才析出沉淀)。

为了观察糖脎的结晶,让溶液慢慢冷却到室温(迅速冷却可能引起脎的结晶变形)。用一宽口的滴管转移一滴含有脎的悬浮液到显微镜的载玻片上,用低倍镜观察结晶,与已知糖脎的晶形比较。

5．糖类的水解

(1)蔗糖的水解:取 1 支试管,加入 8 mL 5％蔗糖溶液并滴加 2 滴浓盐酸,煮沸 3～5 min,冷却后,用 10％氢氧化钠溶液中和,用此水解液做 Fehling 实验。

(2)淀粉的水解和碘实验

① 胶淀粉溶液的配制:用 7.5 mL 冷水和 0.5 g 淀粉充分混合成均匀的悬浮物,勿使块状物存在。将此悬浮物倒入 67 mL 沸水中,继续加热几分钟即得到胶淀粉溶液,用于做下面的实验。

② 碘实验:向 1 mL 胶淀粉溶液中加入 9 mL 水,充分混合,向此稀溶液中加入 2 滴碘-碘化钾溶液。此时溶液中大约含有 0.07％的淀粉,由于淀粉与碘生成分子复合物而呈蓝色。将此蓝色溶液每次稀释 10 倍(即每次用 1 mL 溶液加 9 mL 水),直至蓝色溶液变得很浅,粗略地推测此时溶液中淀粉的浓度是百万分之几,也就是说,淀粉的浓度在百万分之几的浓度时,仍能给出碘实验的阳性结果。将碘实验呈阳性结果的溶液加热,结果如何? 放冷后,蓝色是否再现? 请解释。

③ 淀粉用酸水解:在 100 mL 小烧杯中,加 30 mL 胶淀粉溶液,加入 4～5 滴浓盐酸。在水浴上加热,每隔 5 min 从小烧杯中取少量液体做碘实验,直到不再起碘反应为止(约 30 min)。先用 10％氢氧化钠溶液中和,再加 Tollen 试剂,观察有何现象,试解释。

④ 淀粉用酶水解:在 1 个洁净的 100 mL 锥形瓶中,加入 30 mL 胶淀粉溶液,加入 1～2 mL 唾液,充分混合,把锥形瓶置于 38～40 ℃水浴中,加热 10 min 或稍长时间(在水解过程中,可用碘实验检查水解情况)。将此水解液用 Benedict 试剂检验还原糖。观察有何现象,试解释。

6．纤维素的性质实验

硝酸纤维素的制备:取 1 支大试管,加入 4 mL 浓硝酸,在振荡下小心加入 8 mL 浓硫酸。冷却,把一小团棉花用玻璃棒浸入混酸中,再将试管浸在 60～70 ℃的热水浴中加热,热时用玻璃棒搅动使之充分硝化。5 min 后,用玻璃棒挑出棉花,放在烧杯中充分洗涤数次,再在流水下冲洗,洗时用手将棉花撕开。洗完后,把水挤干,放在表面皿上在水浴上干燥,得浅黄色、干燥的硝酸纤维索(即火药棉)。把它分成两份,用于做下面的实验。

(1) 用坩埚夹夹取一块火药棉放在灯焰上,是否立刻猛烈燃烧? 另用一小块棉花点燃,比较燃烧有何不同。

(2) 把另一块火药棉放在干燥表面皿上,加1~2 mL乙醇-乙醚液(体积比为1:3)。火药棉逐渐膨胀为黏稠的胶体溶液——火棉胶。将表面皿放在热水浴上,溶剂蒸发后剩下一个火药棉薄片。用坩埚夹夹取火药棉薄片放在灯焰上点燃,它比火药棉燃烧得慢。

五、注意事项

(1) 酮糖与间二苯酚溶液反应生成鲜红色沉淀。它溶于乙醇呈鲜红色,但如加热过久,葡萄糖、麦芽糖、蔗糖也呈阳性反应。

(2) 间苯二酚溶液的配制:0.01 g间苯二酚溶于10 mL浓盐酸和10 mL水,混匀即成。

六、思考题

(1) 在糖类的还原实验中,蔗糖与Benedict试剂或Tollen试剂长时间共热时,有时也得到阳性结果,请解释此现象。

(2) 糖类有哪些性质? 糖类分子中的羟基、羰基与醇分子中的羟基及醛、酮分子中的羰基有何联系与区别?

实验十八　　氨基酸和蛋白质的性质

一、实验目的

验证氨基酸和蛋白质的某些重要化学性质。

二、实验原理

蛋白质是存在于细胞中的一种含氮的生物高分子化合物,在酸、碱存在下,或受酶的作用,水解成相对分子质量较小的多肽和寡肽,而水解的最终产物为各种氨基酸,其中以α-氨基酸为主。

关于氨基酸和蛋白质的性质,我们只做蛋白质的沉淀、蛋白质的颜色反应和蛋白质的分解等性质实验,这些性质实验有助于认识或鉴定氨基酸和蛋白质。

三、仪器与试剂

(1) 仪器:试管、水浴锅、酒精灯。

(2) 试剂:清蛋白溶液、饱和硫酸铜溶液、饱和碱式醋酸铅溶液、饱和氯化汞溶液、饱和硫酸铵溶液、5％醋酸溶液、饱和苦味酸溶液、饱和鞣酸溶液、1％甘氨酸溶液、1％酪氨酸溶液、1％色氨酸溶液、茚三酮试剂、浓硝酸、20％氢氧化钠溶液、30％氢氧化钠溶液、硝酸汞、10％硝酸铅溶液。

四、实验步骤

1. 蛋白质的沉淀

(1) 用重金属盐沉淀蛋白质：取 3 支试管，编号，各盛 1 mL 清蛋白溶液，分别加入 2～3 滴饱和的硫酸铜溶液、碱性醋酸铅溶液、氯化汞溶液（小心，有毒），观察有无蛋白质沉淀析出。

(2) 蛋白质的可逆沉淀：取 2 mL 清蛋白溶液，放在试管里，加入同体积的饱和硫酸铵溶液，将混合物稍加振荡，析出蛋白质沉淀使溶液变混浊（或呈絮状）。将 1 mL 混浊的液体倾入另一支试管中，加入 1～3 mL 水，振荡时蛋白质沉淀是否溶解？

(3) 蛋白质与生物碱试剂反应：取 2 支试管，各加 0.5 mL 清蛋白溶液，并滴加 5％醋酸溶液使之呈酸性（这个沉淀反应最好在弱酸溶液中进行）。然后分别滴加饱和苦味酸溶液和饱和鞣酸溶液，直到沉淀发生为止。

2. 蛋白质的颜色反应

(1) 与茚三酮反应：在 4 支试管里（编号），分别加入 1 mL 1％甘氨酸溶液、1％酪氨酸溶液、1％色氨酸溶液和清蛋白溶液，再分别滴加茚三酮试剂 2～3 滴，在沸水浴中加热 10～15 min，观察有什么现象。

(2) 黄蛋白反应：于试管中加入 1～2 mL 清蛋白溶液和 1 mL 浓硝酸，此时呈现白色沉淀或混浊。在灯焰上加热煮沸，此时溶液和沉淀是否都呈黄色？有时由于煮沸使析出的沉淀水解，而使沉淀全部或部分溶解，溶液的黄色是否变化？

(3) 蛋白质的二缩脲反应：取 1 mL 清蛋白溶液和 1～2 mL 20％氢氧化钠溶液，放在试管中，再加几滴硫酸铜溶液（饱和硫酸铜溶液与水按 1∶30 混合）共热，现象如何？是否由于蛋白质与硫酸铜生成了配合物而呈紫色？取 1％甘氨酸溶液做对比实验，此时现象如何？

(4) 蛋白质与硝酸汞试剂作用：取 2 mL 清蛋白溶液放入试管中，加硝酸汞试剂 2～3 滴，现象如何？小心加热，此时原先析出的白色絮状是否聚集成块状，并显砖红色？有时溶液也呈红色。用酪氨酸重复上述过程，现象如何？

3. 用碱分解蛋白质

取 1～2 mL 清蛋白溶液放入试管中，加 2 倍体积的 30％氢氧化钠溶液，把混合物煮沸 2～3 min，此时析出沉淀，继续沸腾时，此沉淀又溶解，放出氨气（可用湿石蕊试纸放在试管口检验）。

上面的热溶液中加入 1 mL 10％硝酸铅溶液，再将混合物煮沸，起初生成的白色氢氧化铅沉淀溶解在过量的氢氧化钠溶液中。如果蛋白质与碱作用有硫脱下，则生成硫化铅，结果清亮的液体逐渐变成棕色。若脱下的硫较多，则析出暗棕色或黑色的硫化铅沉淀。

五、注意事项

（1）重金属在浓度很小时就能沉淀蛋白质，与蛋白质形成不溶于水的类似盐的化合物。因此，蛋白质是许多重金属中毒时的解毒剂。用重金属盐沉淀蛋白质和蛋白质加热沉淀均是不可逆的。本实验所用的蛋白质为鸡蛋清蛋白溶液。取 10 mL 鸡蛋清于小烧杯中，加入 50 mL 蒸馏水，搅拌均匀后，用经水浸湿的纱布过滤，即得清蛋白溶液。

（2）碱金属和镁盐在相当高的浓度下能使很多蛋白质从它们的溶液中沉淀出来（盐析作用）。硫酸铵具有特别显著的盐析作用，不论在弱酸溶液中还是中性溶液中都能使蛋白质沉淀。其他的盐需要使溶液呈酸性才能盐析完全，用硫酸铵时，使溶液呈酸性也能大大加强盐析作用。

六、思考题

（1）怎样区分蛋白质的可逆沉淀和不可逆沉淀？

（2）在蛋白质的二缩脲反应中，为什么要控制硫酸铜溶液的加入量？过量的硫酸铜会导致什么结果？

实验十九　部分有机物官能团的性质与鉴定

一、实验目的

（1）学习有机物官能团分析的原理。

（2）掌握有机物官能团的性质与鉴定方法。

二、实验原理

确定一种有机化合物的结构，可以采取波谱分析（红外光谱、核磁共振谱等）和元素分析的方法，而对于其官能团进行分析也是重要的方法之一。

官能团的定性实验是利用有机化合物中各官能团的不同特性，与某些试剂作用产生特殊的颜色或生成沉淀等来完成。官能团的定性实验反应快，时间短，操作简便，所以十分有利于有机化合物的鉴定。

有机化学反应大多数是分子反应，分子中直接发生变化的部分一般是在官能团上。由于同一官能团存在于不同化合物时会受到分子其他部分的影响，反应性能不可能完全相同，因此在定性实验中例外情况也是常见的。此外，定性实验中还存在着不少干扰因素。基于这些原因，常常需要采用几种不同的方法来检验同一种官能团，以达到准确判断官能团的目的。

部分有机物官能团的性质与鉴定可以分类如下：

（1）烷烃分子中的 C—H 键和 C—C 键在一般条件下比较稳定,难以用化学反应来鉴定,通常采用溶解度实验、元素分析和波谱分析来鉴定。

（2）烯烃和炔烃分子中分别具有 C ＝C 键和 C≡C 键,是不饱和的碳氢化合物,可以通过溴-四氯化碳实验、高锰酸钾实验和炔氢实验(银氨溶液实验)来检测,还可以通过红外光谱和核磁共振谱来判断它们是烯烃或炔烃。

烯烃和炔烃与红棕色的溴发生加成反应,生成无色的二卤代物和多卤代物。但有一些醛、酮或芳香族化合物也会发生此反应,使溴褪色。

三键在分子末端的炔烃 R—C≡CH,因其中的氢比较活泼,可和银氨溶液作用,生成白色的炔化银沉淀,用以鉴定炔烃。

本实验以高锰酸钾实验鉴定烯烃和炔烃。

（3）芳环结构稳定,不容易发生加成和氧化反应,一般采用波谱分析方法来鉴定。

（4）卤代烃可由元素分析测得化合物中含有卤素的种类(氯、溴或碘),并可用硝酸银实验进一步确定卤素的活泼性,从而推测出卤代物的结构。

本实验对不同卤代烃与硝酸银的反应进行了比较。

（5）醇含有活泼的羟基,可进行多种反应,其中有些反应可用于鉴定。

例如:乙酰氯与醇(低级醇)反应可生成具有水果香味的酯。但酚和伯胺、仲胺也能与乙酰氯反应生成酯,还需结合其他实验予以区别。

Lucas 实验可区别有一定水溶性的伯醇、仲醇和叔醇。硝酸铈铵实验可以鉴定 10 个碳以下的醇。

本实验以 Lucas 实验和硝酸铈铵实验对醇进行鉴定。

（6）酚具有连接在芳环上的羟基,显示弱酸性,pK_a 约为 10,与氢氧化钠反应生成酚钠。常用三氯化铁溶液和溴水检验酚羟基的存在。酚羟基的存在使苯环活泼,从而易与溴反应生成溴代产物。例如,苯酚与溴水作用生成白色的三溴苯酚沉淀。

本实验对于不同的酚进行氢氧化钠实验和三氯化铁实验。

（7）醛和酮都具有羰基,能与许多试剂,如苯肼、2,4-二硝基苯肼、羟胺、氨基脲和亚硫酸氢钠等发生反应,借以进行鉴定。醛和酮还可用 Tollen 试剂、Fehling 试剂或 Schiff 试剂来加以区别。另外,甲基酮、乙醛在碱性溶液与碘反应生成黄色沉淀——碘仿,因此碘仿实验常用来检验下述两种结构的存在:

$$\underset{R}{\overset{O}{\underset{\|}{\underset{}{C}}}}\!\!-\!\!CH_3 \qquad 或 \qquad R-\underset{H}{\overset{OH}{\underset{|}{C}}}-CH_3$$

本实验仅用亚硫酸氢钠实验、Tollen 实验和 Fehling 实验。

（8）糖又称碳水化合物,是多羟基醛或多羟基酮类以及它们的缩合物,通常分为单糖、双糖和多糖。常用于实验的糖有单糖中的己醛糖(如葡萄糖)、己酮糖(如果糖),蔗糖、麦芽糖等双糖,淀粉等多糖。

利用红外光谱和核磁共振谱来鉴定糖的特征性不强,因此,通常利用化学反应来鉴定糖。例如,利用 Molish 实验来鉴定糖的存在,用 Benedict 实验和 Tollen 实验来鉴定还原性糖或非还原性糖。单糖和还原性双糖能与过量苯肼作用,根据不同的反应速率和反应产物的晶形、熔点,可以鉴别不同的糖。而 Seliwanoff(塞利韦诺夫)实验还可检验糖中的酮糖单元,从而进一步区别己醛糖和己酮糖。

淀粉与碘能生成蓝色,而在酸或淀粉酶的作用下淀粉水解生成葡萄糖,不再发生此反应。

本实验选做其中的 Molish 实验、Tollen 实验。

(9)羧酸具有酸性,一般可通过羧酸与碱的反应来检测。波谱分析对检验羧酸也是非常有利的。

本实验仅测试羧酸溶液的 pH 值。

(10)硝基化合物能将氢氧化亚铁氧化成氢氧化铁而发生颜色变化,以此可检验硝基的存在。从红外光谱中也可观察到硝基的吸收峰。

(11)胺是一类碱性的有机化合物,几乎所有的胺都能溶于 5% 盐酸中。

胺可分为伯胺(RNH_2)、仲胺(R_2NH)和叔胺(R_3N),可以利用 Hinsberg(兴斯堡)实验来区别,即:在氢氧化钠溶液中与苯磺酰氯反应,伯胺生成的磺酰化产物是水溶性钠盐,用盐酸酸化后方才析出沉淀;仲胺生成的磺酰化产物在碱性溶液中直接沉淀出来;叔胺不能与苯磺酰氯反应,呈油状物析出。利用亚硝酸实验也可以鉴定芳香族伯、仲或叔胺。

本实验测定胺的 pH 值,并进行亚硝酸实验。

三、仪器与试剂

(1)仪器:试管、水浴锅。

(2)试剂:

①1% 高锰酸钾溶液、丙酮、正氯丁烷、仲氯丁烷、叔氯丁烷、正溴丁烷、氯苄、三氯甲烷、苯甲酰氯、5% 硝酸银的乙醇溶液、5% 硝酸溶液、苄醇、正丁醇或正戊醇、仲丁醇或仲戊醇、叔丁醇或叔戊醇、乙醇、甘油、庚醇、二氧六环、苯酚、间苯二酚、对苯二酚、邻硝基苯酚、10% 氢氧化钠溶液、盐酸(浓、10%)、水杨酸、对羟基苯甲酸、邻硝基苯酚、乙酰乙酸乙酯、10% 三氯化铁溶液、正丁醛、5% 硝酸银的水溶液、2% 氨水、浓氨水、甲醛水溶液、乙醛水溶液、苯甲醛、葡萄糖、蔗糖、5% 淀粉溶液、滤纸浆、10% α-萘酚的乙醇溶液、硫酸(浓、20%)、亚硝酸钠、果糖、麦芽糖、醋酸、苯甲酸、苯胺、三乙胺、pH 试纸、N-甲基苯胺、N,N-二甲基苯胺、淀粉-碘化钾试纸、精制石油醚、环己烷、环己烯、乙炔、2% 溴的四氯化碳溶液、氯化亚铜、甲苯、氯苯、苯、己烷。

② Lucas 试剂:将无水氯化锌熔融,稍冷后,置于干燥器中冷却,称取 136 g,溶于 90 mL 浓盐酸(溶解时有大量氯化氢气体和热量放出),冷却后储存于玻璃瓶中,塞紧待用。

③ 硝酸铈铵试剂:称取硝酸铈铵 100 g,加入 250 mL 2 mol/L 硝酸溶液,加热溶解,冷却。

④ 饱和 $NaHSO_3$ 溶液:称取碳酸钠($Na_2CO_3 \cdot 10H_2O$)500 g,与 790 mL 水混合,通入二氧化硫气体至饱和为止。

⑤ Fehling A:称取硫酸铜 34.6 g,溶于 500 mL 水中。

⑥ Fehling B:称取氢氧化钠 70 g 和酒石酸钾钠 173 g,溶于 500 mL 水中。

⑦ β-萘酚溶液:称取 β-萘酚 4 g,溶于 40 mL 5% 氢氧化钠溶液中。

四、实验内容及操作步骤

1. 烯烃与炔烃的性质实验

1)高锰酸钾实验

烯烃或者炔烃可与稀高锰酸钾溶液反应,使高锰酸钾溶液的紫色褪去,生成黑褐色的二氧化锰沉淀。

反应式:

$$\begin{array}{c} \diagup \\ C = C \\ \diagdown \end{array} + MnO_4^- \longrightarrow \begin{array}{c} | \quad | \\ -C-C- \\ | \quad | \\ OH \ OH \end{array} + MnO_2 \downarrow$$

$$\downarrow [O]$$

$$\begin{array}{c} \diagup \\ C = O \\ \diagdown \end{array} + \begin{array}{c} \diagup \\ O = C \\ \diagdown \end{array}$$

$$R-C \equiv C-R' + MnO_4^- \longrightarrow R-COO^- + R'-COO^- + MnO_2 \downarrow$$

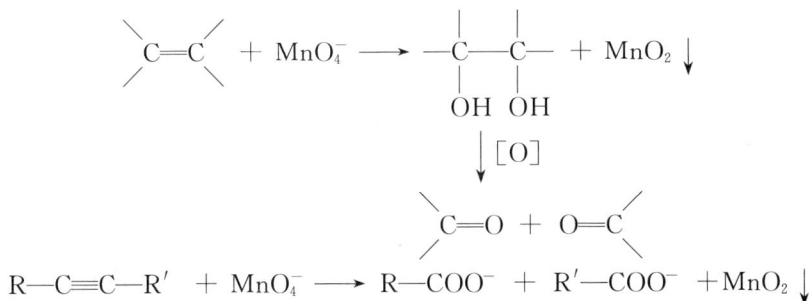

但易氧化的醛、某些酚和芳香胺也能使高锰酸钾溶液褪色,干扰反应结果。

2)操作步骤

试样:精制石油醚、环己烷、环己烯、乙炔。

(1) 在干燥的小试管中加入 1% 高锰酸钾溶液 2 mL,然后加入试样 2 滴(固体试样先用 0.5~1 mL 水或丙酮溶解,若试样为乙炔,则在高锰酸钾溶液中通入乙炔气体 1~2 min)。振荡,观察高锰酸钾溶液的紫色是否褪去,有无褐色二氧化锰沉淀生成现象。

(2) 在干燥的小试管中加入 2% 溴的四氯化碳溶液 2 mL,加入试样 4 滴,振荡,观察溴的橙红色是否褪去。

(3) 在干燥的小试管中加入 0.5 mL 5% 硝酸银的水溶液,再加入 1 滴 10% 氢氧化钠溶液,然后滴加 2% 氨水,直至开始生成的氢氧化银沉淀又溶解为止,在此溶液中加入试样 4 滴,振荡,观察有无白色沉淀生成。

(4) 取 0.1 g 固体氯化亚铜,溶解于 1 mL 水中,然后滴加浓氨水至沉淀完全溶解,在此溶液中加入试样 4 滴或通入乙炔,振荡,观察有无沉淀生成。

2. 卤代烃的性质实验

1）硝酸银实验

卤代烃与硝酸银反应，产生卤化银沉淀。

反应式：

$$RX + AgNO_3 \longrightarrow RONO_2 + AgX \downarrow$$

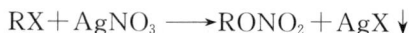

生成卤化银的速度取决于烃基的结构。苄基卤代烃、烯丙基卤代烃和叔卤代烃能立即反应，伯卤代烃和仲卤代烃在温热的条件下反应，卤代乙烯和卤代芳烃则不与硝酸银反应。产生卤化银沉淀的速度大小顺序如下：

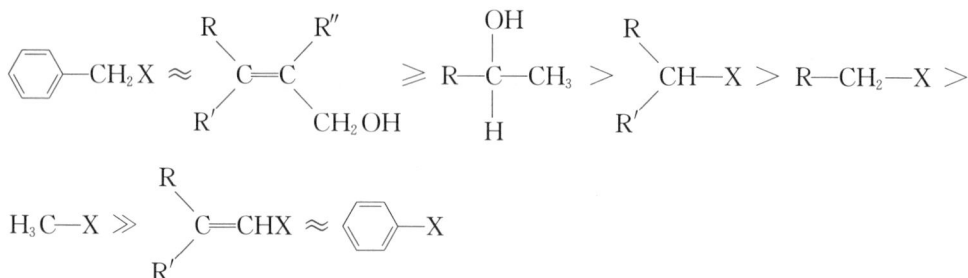

$$\underset{}{\text{CH}_2\text{X}} \approx \underset{R'}{\overset{R}{\text{C}}} = \underset{\text{CH}_2\text{OH}}{\overset{R''}{\text{C}}} \geqslant R - \underset{H}{\overset{OH}{\text{C}}} - \text{CH}_3 > \underset{R'}{\overset{R}{\text{CH}}} - X > R - \text{CH}_2 - X >$$

$$H_3\text{C} - X \gg \underset{R'}{\overset{R}{\text{C}}} = \text{CHX} \approx \text{} - X$$

羧酸也与硝酸银反应，但羧酸银沉淀溶于硝酸，而卤化银沉淀不溶于硝酸。

2）实验步骤

试样：正氯丁烷、仲氯丁烷、叔氯丁烷、正溴丁烷、氯苄、三氯甲烷、苯甲酰氯。

在干燥的小试管中加入 5% 硝酸银的乙醇溶液 1 mL，再加入试样 2～3 滴（固体试样先用乙醇溶解），振荡，观察有无沉淀生成。若无沉淀产生，加热煮沸，仍无沉淀生成者，可认为不是卤代烃。若有沉淀生成，再加入 5% 硝酸溶液 1 滴，观察沉淀是否溶解。不溶解者可初步判断为卤代烃。

3. 芳香烃的性质实验

1）三氯化铝实验

芳香烃及衍生物与三氯化铝及三氯甲烷混合时，通常出现特有的颜色变化，可用于芳香烃的鉴别。不同的芳香烃呈现出不同的颜色：苯及衍生物为橙到红色；萘为蓝色；联苯及菲为紫色；蒽为绿色。

2）实验步骤

试样：甲苯、氯苯、苯、己烷。

在干燥的小试管中加入 1 mL 三氯甲烷，再加入 0.1 mL 液体试样，充分混合后，倾斜试管使混合物润湿试管内壁。立即加入 0.25 g 无水三氯化铝粉末，并使部分粉末粘在润湿的试管内壁上，观察粉末和溶液的颜色变化。

4. 醇的性质实验

1) Lucas 实验

Lucas 试剂与醇反应,可生成不溶于水的卤代烷。

反应式:

$$R\!-\!OH \ + \ HCl \xrightarrow{\ ZnCl_2\ } R\!-\!Cl \ + \ H_2O$$

生成卤代烷的反应速率大小顺序如下:

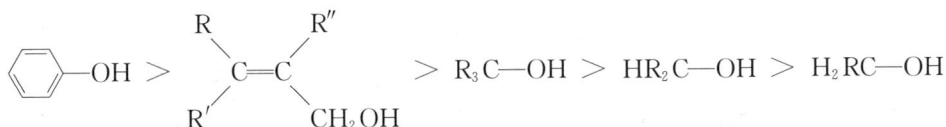

苄醇、烯丙基醇和叔醇与 Lucas 试剂立即反应,仲醇则需要 10 min 左右才能反应,有时还需加热引发,而大多数伯醇不与 Lucas 试剂反应,故可用来区别伯醇、仲醇和叔醇。但是 Lucas 实验只适用于水溶性醇,因为实验结果是溶液变混浊或者分成两层。少于 2 个碳原子的醇生成的氯代物极易挥发,故也不实用。

试样:苄醇、正丁醇或正戊醇、仲丁醇或仲戊醇、叔丁醇或叔戊醇。

实验步骤:在干燥的小试管中加入试样 5～6 滴及 Lucas 试剂 2 mL,塞住试管口,振荡,静置,观察出现混浊和卤代烷分层的速度。静置后立即混浊或分层者为苄醇和叔醇。若静置后不变混浊,置于水浴中温热 2～3 min,振荡,再观察。根据出现混浊或分层的速度,最后分层者为仲醇,不发生反应的为伯醇。

2) 硝酸铈铵实验

10 个碳原子以下的醇能与硝酸铈铵作用,使溶液呈橙黄色。

反应式:

$$(NH_4)_2Ce(NO_3)_6 + ROH \longrightarrow (NH_4)_2Ce(OR)(NO_3)_5 + HNO_3$$

试样:乙醇、甘油、苄醇、庚醇。

实验步骤:在干燥的小试管中加入试样 2 滴,加水 2 mL 溶解(不溶于水的样品,以 2 mL 二氧六环溶解)。再加入硝酸铈铵试剂 0.5 mL,振荡,观察颜色变化,溶液呈红至橙黄色表示有醇存在。同时做空白实验对比。

5. 酚的性质实验

1) 氢氧化钠实验

酚具有弱酸性,与氢氧化钠反应生成酚钠而溶于水中,酸化后立即又析出酚。反应式:

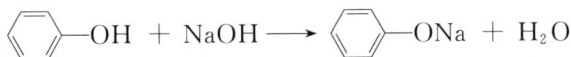

试样:苯酚、间苯二酚、对苯二酚、邻硝基苯酚。

实验步骤:在干燥的小试管中加入试样 0.1 g,逐滴加水至完全溶解后,用 pH 试纸检测水溶液的 pH 值。若试样不溶于水,则可逐滴加入 10% 氢氧化钠溶液,观察是否溶解,有无颜色变化,然后再加入 10%盐酸使之呈酸性,观察有何现象发生。

2) 三氯化铁实验

酚可与 Fe^{3+} 生成有色的配合物。不同的酚产生的颜色不同,通常为红、蓝、紫或绿色。

反应式:

$$6\ \langle\!\!\!\bigcirc\!\!\!\rangle\!-\!OH\ +FeCl_3\longrightarrow[Fe(OC_6H_5)_6]^{3-}+3HCl+3H^+$$

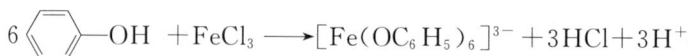

但是一些硝基酚类、间羟基苯甲酸和对羟基苯甲酸不与三氯化铁发生显色反应。不溶于水的酚类化合物与三氯化铁溶液的反应不灵敏,可改用乙醇溶液。

试样:苯酚、水杨酸、间苯二酚、对苯二酚、对羟基苯甲酸、邻硝基苯酚、乙酰乙酸乙酯。

实验步骤:在干燥的小试管中加入 1%试样溶液 0.5 mL,再加入 10%三氯化铁溶液 2 滴,观察颜色有无变化。

6. 醛和酮的性质实验

1) 亚硫酸氢钠实验

醛和甲基酮与亚硫酸氢钠发生加成反应,生成结晶形式的产物。此加成产物与稀盐酸或稀碳酸钠溶液共热,则分解为原来的醛或甲基酮。因此,可用以鉴定和纯化醛或甲基酮。

反应式:

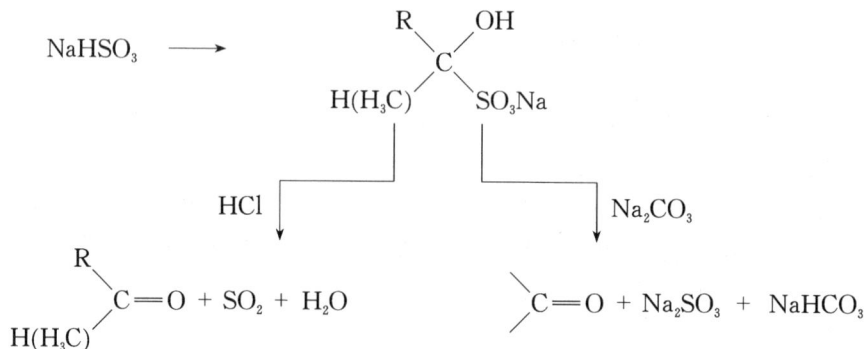

试样:丙酮、正丁醛。

实验步骤:在干燥的小试管中加入饱和亚硫酸氢钠溶液 2 mL 和试样 1 mL,用力振荡,置于冰水浴中冷却,观察有无结晶析出(可逐滴加乙醇促使结晶)。

2) Tollen 实验

醛和酮的区别在于醛具有还原性,能使银离子还原成金属银。通常用 Tollen 试剂来检验醛的存在,而酮并不发生反应。Tollen 试剂为银氨配合物的碱性水溶液,此 Tollen 实验也称为银镜反应。

反应式：

$$RCHO + 2Ag(NH_3)_2OH \longrightarrow 2Ag + RCOONH_4 + 3NH_3 + H_2O$$

R＝烷基或芳基

试样：甲醛水溶液、乙醛水溶液、丙酮、苯甲醛。

实验步骤：在干燥的小试管中加入 5％硝酸银的水溶液 1 mL 和 10％氢氧化钠溶液 1 滴,即有沉淀析出。逐滴加入 2％氨水,边加边摇,直至沉淀刚好溶解。然后加入试样 2 滴(不溶于水的试样先用 0.5 mL 乙醇溶解),静置,观察现象。若无银镜生成,将试管置于沸水浴中加热 2 min,试管内壁有银镜形成或生成黑色金属银沉淀,则表明试样为醛。

3) Fehling 实验

由 Fehling 实验区别醛和酮,还可进一步利用 Fehling 实验区别脂肪醛和芳香醛。脂肪醛能使 Fehling 试剂中的 Cu^{2+} 还原成红色氧化亚铜,芳香醛则不发生此反应。

反应式：

$$RCHO + 2Cu(OH)_2 + NaOH \longrightarrow RCOONa + Cu_2O\downarrow + 3H_2O$$

试样：甲醛水溶液、乙醛水溶液、丙酮、苯甲醛。

实验步骤：在干燥的小试管中加入 Fehling A 和 Fehling B 各 0.5 mL,混合均匀,加入试样 3～4 滴,置于沸水浴中加热。若有氧化亚铜红色沉淀生成,则表明是脂肪醛类化合物。

7. 糖的性质实验

1) Molish 实验

Molish 实验是糖类的通性实验。单糖如戊醛糖和己醛糖,在浓硫酸存在下转变成戊酮糖和己酮糖,再失水形成呋喃甲醛和 5-羟甲基呋喃甲醛,它们和 α-萘酚作用,生成紫色的化合物。双糖和多糖则先水解成单糖,然后发生反应,生成紫色化合物。

试样：葡萄糖、蔗糖、淀粉、滤纸浆。

实验步骤：在干燥的小试管中加入 5％试样溶液(或滤纸浆)0.5 mL,滴入 10％ α-萘酚的乙醇溶液 2 滴,混合均匀,倾斜试管(约成 45°),沿试管内壁小心加入浓硫酸 1 mL。此时试液在上层,硫酸在下层,在两层交界处出现紫色,则表明试样为糖。

2) Tollen 实验

用以检验醛的 Tollen 试剂也可用来检验还原性糖,Tollen 试剂使还原性糖的游离羰基氧化成羧酸,自身被还原,析出金属银。

试样：葡萄糖、果糖、蔗糖、麦芽糖。

实验步骤：在干燥的小试管中加入 5％硝酸银溶液 1 mL 和 10％氢氧化钠溶液 1 滴,然后逐滴加入 2％氨水,边加边振荡,直至所生成的沉淀刚好消失。再加入 5％糖水溶液 0.5 mL,在 50 ℃水浴中加热,观察有无银镜或金属银析出。

8．酸的性质实验

羧酸 pH 值可以用 pH 试纸直接检测。

试样：醋酸、苯甲酸。

实验步骤：在干燥的小试管中加入 1 mL 水，再加入液体试样 1 滴（或固体试样 10 mg），振荡溶解，用 pH 试纸检测溶液 pH 值。若试样不溶于水，则将试样溶于少量乙醇中，然后边振荡边逐滴加入水，至溶液出现混浊，再逐滴加入乙醇至溶液变清。用 pH 试纸检测该溶液的 pH 值。

9．胺类化合物的性质实验

1）胺的 pH 值测定

胺是碱性化合物，水溶性胺的 pH 值可以直接用 pH 试纸测定。

试样：三乙胺、苯胺。

实验步骤：在干燥的小试管中加水 1.5 mL，再加入液体试样 2～3 滴（或试样 20～30 mg），振荡，溶解，用 pH 试纸测定。若样品不溶于水，利用乙醇-水溶液溶解试样后测定 pH 值。

2）亚硝酸实验

利用亚硝酸实验可以鉴定全部芳香族伯胺、仲胺或叔胺。芳香族伯胺与亚硝酸作用生成重氮盐，该重氮盐与 β-萘酚偶联生成橙红色染料。仲胺和叔胺与亚硝酸反应生成不同的亚硝酸化产物，在碱性溶液中呈现不同的颜色，可借以区别仲胺和叔胺。

反应式：

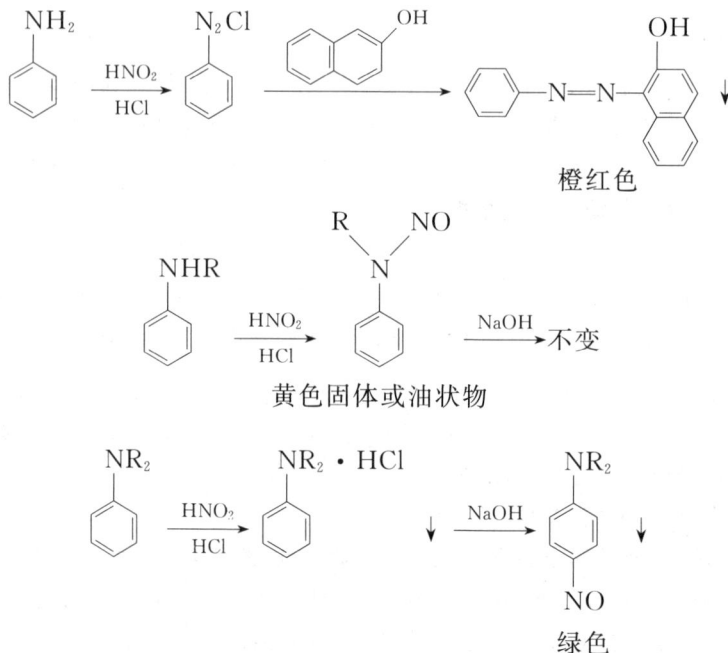

　　试样：苯胺、N-甲基苯胺、N,N-二甲基苯胺。

　　实验步骤：在干燥的小试管中加入试样 0.3 mL、浓盐酸 1 mL 和水 2 mL，用冰盐浴冷却至 0 ℃。另取亚硝酸钠 0.3 g，溶于 2 mL 水中，将此溶液慢慢滴入上述试样溶液中，振荡，直至混合液遇淀粉-碘化钾试纸呈深蓝色。如溶液中无固体生成，加入 β-萘酚溶液数滴，如析出橙红色沉淀则为伯胺。若溶液中有黄色固体或油状物析出，加入 10％氢氧化钠溶液，若溶液不变色则为仲胺，若产生绿色固体则为叔胺。

第5章 合成实验

5.1 烃与卤代烃的制备

实验二十 环己烯的制备

一、实验目的

(1) 学习浓磷酸催化环己醇脱水制取环己烯的原理和方法。

(2) 掌握蒸馏、分馏、回流、分液等操作技术。

二、实验原理

烯烃是重要的有机化工原料。工业上主要通过石油裂解的方法制备烯烃,有时也利用醇在氧化铝等催化剂存在下,进行高温催化脱水来制取;实验室里则主要用浓硫酸、浓磷酸做催化剂,使醇脱水或卤代烃在醇钠作用下脱卤化氢来制备烯烃。

本实验采用浓磷酸做催化剂,使环己醇脱水制备环己烯。

主反应:

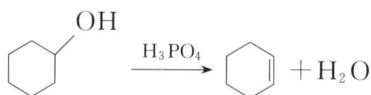

一般认为,该反应历程为 E1 历程,整个反应是可逆的:酸使醇羟基质子化,使其易于离去而生成碳正离子,后者失去一个质子,就生成烯烃。

副反应:

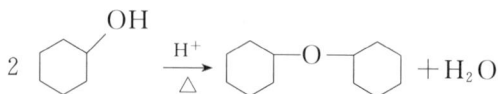

三、仪器与试剂

(1) 仪器:圆底烧瓶(50 mL)、分馏柱、直形冷凝管、分液漏斗(100 mL)、量筒、锥形瓶(100 mL)、蒸馏头、接引管、加热套、酒精灯。

(2) 试剂:环己醇、浓磷酸、氯化钠、无水氯化钙、5%碳酸钠溶液。

四、实验步骤

(1) 在 50 mL 干燥的圆底烧瓶中加 10 g(10.4 mL,0.1 mol)环己醇、4 mL 浓磷酸和几粒沸石,充分振摇使之混合均匀,参考图 3-4 安装分馏装置。

(2) 将烧瓶在石棉网上小火空气浴缓缓加热至沸,控制分馏柱顶部的馏出温度不超过 90 ℃,馏出液为带水的混浊液。至无液体蒸出时,可升高加热温度(缩小石棉网与烧瓶底之间的距离)。当烧瓶中只剩下很少残液并出现阵阵白雾时,即可停止蒸馏。

(3) 分离并干燥粗产物。将馏出液用 1 g 氯化钠饱和,然后加入 3~4 mL 5% 碳酸钠溶液中和微量的酸。将液体转入分液漏斗中,振摇(注意放气操作)后静置分层,打开顶塞,再将旋塞缓缓旋开,下层液体从分液漏斗的下口放出,产物从分液漏斗上口倒入一个干燥的小锥形瓶中,用 1~2 g 无水氯化钙干燥。

(4) 把干燥的粗乙酸乙酯滤入 50 mL 圆底烧瓶中。装配蒸馏装置,在电热套上加热蒸馏,收集 74~80 ℃的馏分,产量为 3.8~4.6 g。

纯环己烯为无色液体,沸点为 82.98 ℃。

五、注意事项

(1) 投料时应先投环己醇,再投浓磷酸;投料后,一定要混合均匀。

(2) 反应时,控制温度不要超过 90 ℃。

(3) 环己醇的黏度较大,尤其室温低时,量筒内的环己醇若倒不干净,会影响产率。

(4) 磷酸有一定的氧化性,加完磷酸要摇匀后再加热,否则反应物会被氧化。

(5) 反应、干燥、蒸馏所涉及器皿都应干燥。

(6) 加热反应一段时间后再逐渐蒸出产物,调节加热强度,保持反应速率大于蒸出速率才能使分馏连续进行。

六、思考题

(1) 本实验为什么用分馏反应装置?

(2) 反应生成的水量和理论计算生成的水量是否一致? 试分析原因。

(3) 干燥剂无水氯化钙也是多孔物质,可否不分离出来当作沸石用?

(4) 蒸馏环己烯时用水浴加热,试说明什么时候可用水浴加热。

实验二十一　　溴乙烷的制备

一、实验目的

(1) 学习并掌握用醇和氢卤酸反应制取卤代烷的原理和基本操作。

（2）掌握加热操作技术和低沸点产品的精制方法。

（3）掌握分液漏斗的使用方法，并掌握分液和蒸馏操作技术。

二、实验原理

用乙醇、溴化钠及硫酸作用是制备溴乙烷常用的方法。

$$NaBr + H_2SO_4 \longrightarrow HBr + NaHSO_4$$

$$C_2H_5OH + HBr \rightleftharpoons C_2H_5Br + H_2O$$

上式的制备反应是一个可逆反应，通常可以采用增加其中一种反应物的浓度或设法移走产物的方法使平衡向右移动。本实验正是两种措施并用，一方面使乙醇过量，另一方面通过蒸馏使溴乙烷及时离开反应体系，以使反应顺利完成。

该反应中硫酸的浓度是一个关键，若 H_2SO_4 浓度太大，容易引起一系列副反应：

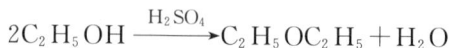

$$H_2SO_4 + 2HBr \longrightarrow SO_2 + 2H_2O + Br_2$$

$$2C_2H_5OH \xrightarrow{H_2SO_4} C_2H_5OC_2H_5 + H_2O$$

$$C_2H_5OH \xrightarrow{H_2SO_4} CH_2=CH_2 + H_2O$$

此外，如果硫酸太浓，反应混合物中水量太少，生成的 HBr 气体容易在操作时逃逸而使反应不完全。但如果硫酸太稀，反应混合物中水的量太大，由于反应可逆，也不利于反应的完全。因此，本实验需要控制好加入的水量。

三、仪器与试剂

（1）仪器：圆底烧瓶（50 mL）、75°弯管、直形冷凝管、接引管、温度计、烧杯、蒸馏头、分液漏斗、锥形瓶、加热套。

（2）试剂：95％乙醇、溴化钠（无水）、浓硫酸（相对密度为 1.84）、饱和亚硫酸氢钠溶液。

四、实验装置图

实验装置如图 5-1 所示。

五、实验步骤

（1）称取 6.5 g（0.63 mol）已研细的溴化钠，置于 50 mL 圆底烧瓶中，加入 4.5 mL 水，振荡使之溶解，再加入 5 mL 95％乙醇（3.95 g，0.83 mol），然后在冰水浴冷却下，慢慢滴加 9.5 mL 浓硫酸，同时不断摇荡烧瓶使溶液混合均匀。（这个步骤很关键，溴化钠不溶解或者浓硫酸加得过快，都会产生大量棕黄色气体。）浓硫酸加完后再

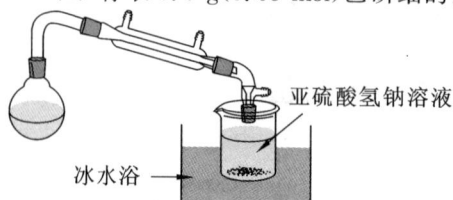

图 5-1　溴乙烷反应及蒸馏装置

加入几粒沸石,按照图 5-1 搭好反应装置,使用盛有冷水和 5 mL 饱和亚硫酸氢钠溶液的烧杯作为接收器,并使接引管末端刚好浸没在亚硫酸氢钠溶液中。溴乙烷沸点仅38.7℃,极易挥发,为了避免损失,需将接收器放置在冰水浴中冷却。

(2) 低电压小心加热圆底烧瓶,使里面的反应液微微沸腾。随着反应的进行,反应混合液开始有大量气体出现,此时一定控制加热强度,不要造成暴沸。烧瓶内固体随反应进行会逐渐减少,当固体全部消失时,反应液变得黏稠,然后变成透明液体,此时已接近反应终点。在反应的前 30 min 尽可能不蒸出或少蒸出馏分,30 min 后提高电压,进行蒸馏,直到无溴乙烷流出为止。可用盛有水的烧杯检查有无溴乙烷流出。

(3) 反应结束后,将接收瓶中的液体倒入分液漏斗,静置分层后,将下面的粗溴乙烷转移至干燥的锥形瓶中。在冰水冷却下,小心加入 4 mL 浓硫酸,边加边摇动锥形瓶进行冷却。用干燥的分液漏斗分出下层浓硫酸。将上层溴乙烷从分液漏斗上口倒入 50 mL 圆底烧瓶中,加入几粒沸石,进行蒸馏。由于溴乙烷沸点很低,接收瓶要在冰水中冷却。接收 37~40 ℃ 的馏分。

产量约 5 g。

溴乙烷为无色液体,沸点 38.4 ℃,$d_4^{20}=1.46$。

六、注意事项

(1) 如果在加热之前没有把反应混合物摇匀,反应时极易出现暴沸现象,使反应失败。

(2) 开始反应时,要低电压加热,以避免溴化氢逸出。

(3) 加入浓硫酸精制时一定注意冷却,以避免溴乙烷损失。实验过程采用两次分液,第一次保留下层,第二次要上层产品,需分清楚。

七、思考题

(1) 在制备溴乙烷时,反应混合物中如果不加水,会有什么结果?

(2) 粗产物中可能有什么杂质? 是如何除去的?

(3) 如果你的实验结果产率不高,试分析其原因。

实验二十二　1-溴丁烷的制备

一、实验目的

(1) 学习由醇制备溴代烃的原理及方法。

(2) 练习回流操作及有害气体吸收装置的安装与操作。

(3) 进一步练习液体产品的纯化、洗涤、干燥、蒸馏等操作。

二、实验原理

卤代烃是一类重要的有机合成中间体。由醇和氢卤酸反应制备卤代烷,是卤代制备中的重要方法,正溴丁烷是通过正丁醇与氢溴酸反应制备而成的,HBr 是一种极易挥发的无机酸,无论是液体还是气体,刺激性都很强。因此,在本实验中采用溴化钠与硫酸作用产生 HBr 的方法,并在反应装置中加入气体吸收装置,将外溢的 HBr 气体吸收,以免造成对环境的污染。在反应中,过量的硫酸还可以起到移动平衡的作用,通过产生更高浓度的 HBr 促使反应加速,还可以将反应中生成的水质子化,阻止卤代烷通过水的亲核进攻返回到醇。

主反应:

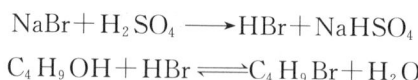

$$NaBr + H_2SO_4 \longrightarrow HBr + NaHSO_4$$

$$C_4H_9OH + HBr \rightleftharpoons C_4H_9Br + H_2O$$

副反应:

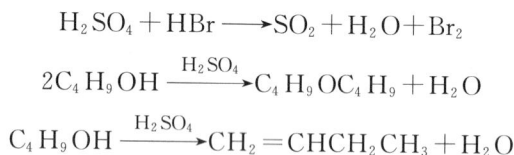

$$H_2SO_4 + HBr \longrightarrow SO_2 + H_2O + Br_2$$

$$2C_4H_9OH \xrightarrow{H_2SO_4} C_4H_9OC_4H_9 + H_2O$$

$$C_4H_9OH \xrightarrow{H_2SO_4} CH_2 = CHCH_2CH_3 + H_2O$$

三、仪器与试剂

(1) 仪器:圆底烧瓶(100 mL)、球形冷凝管、分液漏斗、锥形瓶、量筒、电热套等。

(2) 试剂:正丁醇、1-溴丁烷、溴化钠、浓硫酸、饱和碳酸氢钠溶液、无水氯化钙。

四、实验步骤

(1) 在 100 mL 圆底烧瓶中加入 15 mL 水,然后加入 18 mL 浓硫酸(分 3～4 次加),摇匀后,冷却至室温,再加入 11.2 mL 正丁醇,混合后加入 15 g 溴化钠(小心加入,切不可在磨口处留有固体),充分振荡,加入几粒沸石,参考图 2-5 搭好反应装置,在烧瓶上装上球形冷凝管,在冷凝管的上口用软管连接一个漏斗,置于盛水的烧杯中。

(2) 在石棉网上用小火加热回流半小时,冷却后,改为蒸馏装置,在石棉网上加热蒸馏所有的溴丁烷。

(3) 将馏出液小心地转入分液漏斗,用 10 mL 水洗涤,小心地将粗品转移至另一个干燥的分液漏斗中,用 5 mL 浓硫酸洗涤。尽量分去硫酸层,有机层分别用水、饱和碳酸氢钠溶液和水各 10 mL 洗涤。产物转移至干燥的小锥形瓶中,加入无水氯化钙干燥,间歇摇摆至液体透明。将干燥后的产物小心地转移至蒸馏烧瓶中。在石棉网上加热蒸馏,收集 99～103 ℃的馏分,产物为 3～7 g(产率约为 52%)。

五、注意事项

（1）1-溴丁烷是否蒸完，可以用三种办法判断：第一种，馏出液是否由混浊变澄清；第二种，蒸馏瓶中上层油层是否已蒸完；第三种，取一支试管收集几滴馏出液，加入少许水摇动，如无油珠出现，则表示有机物已蒸完。

（2）用水洗涤后馏出液如有红色，是因为含有溴，可以加入 10～15 mL 饱和亚硫酸氢钠溶液洗涤除去。

$$Br_2 + NaHSO_3 + H_2O \longrightarrow 2HBr + NaHSO_4$$

（3）在纯化 1-溴丁烷粗品时，每用试剂洗涤一次就分液一次，注意分液时上下层的取舍，取舍依据是洗涤试剂与 1-溴丁烷的密度大小。如用浓硫酸洗涤，则要保留上层（有机层）；如用水洗涤，则要保留下层（有机层）。

（4）实验中需取用浓硫酸，请注意人身安全。

六、思考题

（1）制备 1-溴丁烷除本方法外，还有哪些方法？

（2）本实验中，浓硫酸起何作用？其用量及浓度对实验有何影响？

（3）反应混合液中可能含有哪些杂质？如何去除？

（4）为什么用饱和碳酸氢钠溶液洗酸以前，要先用水洗涤？

（5）用无水氯化钙干燥脱水，蒸馏时为什么要将氯化钙除去？

实验二十三　　溴苯的制备

一、实验目的

（1）学习通过芳环上的亲电取代反应制备卤代芳烃的原理和方法。

（2）掌握通过萃取和蒸馏提纯有机化合物的方法。

二、实验原理

主反应：

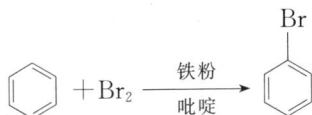

副反应：

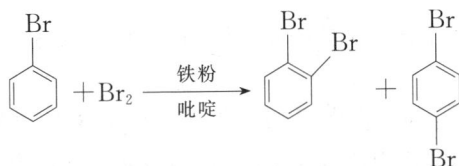

三、仪器与试剂

(1) 仪器:三口烧瓶(100 mL)、冷凝管、小漏斗、锥形瓶、电热套、水浴锅等。

(2) 试剂:苯(无水)、溴、吡啶、铁粉、饱和亚硫酸氢钠溶液、无水氯化钙。

四、实验步骤

(1) 在干燥的 100 mL 三口烧瓶的中间口装配回流冷凝管,冷凝管顶用弯玻璃管连接一个倒悬的小漏斗。漏斗倒覆在盛水的烧杯中,其边缘接近水面,但不接触水面(参考图 2-5)。另一口用塞子塞紧。从剩余的一口顺次加入 11.5 mL(10 g,0.13 mol)苯、4~5 滴吡啶和 5 mL(16 g,0.1 mol)溴,迅速用塞子塞紧。反应立即开始。随即用水浴升温至 35~45 ℃。在此期间,液面上有小气泡发生(有溴化氢气体不断缓缓逸出)。40 min 以后,打开三口烧瓶的一侧口,迅速加入 0.25 g 铁粉,重新塞紧瓶口,反应立即剧烈进行。待反应稍缓和时,将水浴温度提高到 60~70 ℃,一直到液面上不再有红色的溴蒸气及溴化氢气体逸出为止。这时反应完成,将反应物冷却到室温。

(2) 拆下仪器装置。在三口烧瓶中加入 15 mL 水,振荡。把反应物小心倒入分液漏斗中,分去水层。粗溴苯用 10 mL 饱和亚硫酸氢钠溶液洗涤 1~2 次,直到油层呈淡黄色为止。再用 10 mL 清水洗涤。分离出溴苯,用无水氯化钙干燥。

(3) 将澄清透明的液体在石棉网上小火加热进行蒸馏,收集 140~170 ℃的馏分。把 140~170 ℃的馏分重新蒸馏一次,收集 154~160 ℃的馏分。

产量:约 8 g。

纯溴苯为无色油状液体,沸点为 156 ℃,d_4^{20} 为 1.499。

五、注意事项

(1) 本实验应在通风橱中进行。所用的仪器必须是干燥的。

(2) 可根据反应中溴化氢的释出量和水-氢溴酸共沸液的组成(约 47.5% HBr)来计算水量,实际用水量应稍多于计算量。氢溴酸溶液要回收。

(3) 所用的溴必须是无水的,否则反应难于进行。(为什么?)量取溴的方法是:先将溴加到放在铁圈上的干燥的分液漏斗中,然后滴到干燥的量筒中计量。取溴操作必须在通风橱中进行。要戴上防护眼镜及手套,并注意不要吸入溴的蒸气。实验前仔细阅读本书中有关的安全和急救说明。

(4) 用水洗涤的主要目的是除去溴化铁和吡啶,同时也除去溴化氢和部分溴。

(5) 也可采用水蒸气蒸馏法从反应物中分离出溴苯。先蒸出来的是苯和溴苯的混合物。当冷凝管中出现对二溴苯的晶体时,可更换接收瓶,直到对二溴苯完全蒸出为止。

(6) 蒸馏残液中含有邻二溴苯及对二溴苯。将残液趁热倒在表面皿上,凝固后用滤纸吸去邻二溴苯。固体用乙醇重结晶,可得少量白色片状的对二溴苯。

六、思考题

(1) 为什么要用干燥的烧瓶？苯和溴中如含有水分,对实验有何影响？

(2) 在制备溴苯时,哪个试剂是过量使用的？为什么？

(3) 为什么在进行溴代反应时要控制好温度？

(4) 反应混合物中有什么杂质？怎样把它们除掉？能否回收？

5.2　醇、酚、醚的制备

实验二十四　二苯甲醇的合成

方法一:锌粉还原法

一、实验目的

(1) 学习锌粉还原法制备二苯甲醇的原理和方法。

(2) 巩固重结晶的操作方法。

(3) 进一步练习半微量实验。

二、实验原理

二苯甲酮可以通过多种还原剂还原得到二苯甲醇。在碱性醇溶液中用锌粉还原,这是制备二苯甲醇常用的方法,适用于中等规模的实验室制备。对于少量合成,硼氢化钠是更理想的试剂。本实验采用锌粉还原。

主反应:

$$C_6H_5COC_6H_5 \xrightarrow{Zn,NaOH} C_6H_5CH(OH)C_6H_5$$

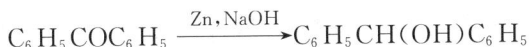

三、仪器与试剂

(1) 仪器:搅拌器(标准口)、铁架台、球形冷凝管(标准口)、油浴锅、温度计(100 ℃)、三口烧瓶(250 mL)、量筒(100 mL)、减压抽滤装置、薄层板层析装置、天平、干燥器、锥形瓶、烘箱、烧杯、玻璃棒、表面皿、滤纸。

(2) 试剂:二苯甲酮、氢氧化钠、锌粉、无水乙醇、浓盐酸、石油醚(60～90 ℃)、乙酸乙酯、环己烷。

四、实验装置图

实验装置如图 5-2 所示。

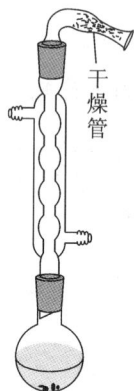

图 5-2　锌粉还原法合成
二苯甲醇装置

五、实验步骤

（1）在装有冷凝管和搅拌磁子的 50 mL 锥形瓶中，依次加入 2.0 g（0.05 mol）研细的氢氧化钠、1.83 g（0.01 mol）二苯甲酮和 20 mL 95％乙醇，最后加入 2.0 g（0.03 mol）锌粉，充分振摇约 20 min，明显感觉三口烧瓶外部变热，即反应放热。

（2）在 80 ℃热水浴中加热搅拌 2 h 后取样，在薄层板上二苯甲酮溶液对照点样，展开剂选择乙酸乙酯-环己烷（1∶2），晾干后放在紫外分析仪下观察反应进行的情况。在紫外分析仪下观察发现，反应液中二苯甲酮的荧光亮斑消失，说明实验已反应完全。

（3）反应物冷却后用布氏漏斗抽滤，固体用少量乙醇洗涤。将滤液倒入盛有 80 mL 预先用冰水浴冷却的水中，摇匀后用浓盐酸小心酸化，使 pH 值为 5～6，抽滤析出的固体。

（4）粗品于烘箱（50 ℃）中干燥、称重。然后用石油醚（60～90 ℃）约 10 mL 重结晶，抽滤、干燥、称重，得针状结晶的二苯甲醇约 1 g。

六、注意事项

（1）二苯甲酮和氢氧化钠必须研碎，否则反应很难进行。

（2）锌粉最好后加，便于振摇。

（3）整个反应过程要求不断振摇，这是实验成败的关键。

（4）反应液颜色为灰黑色为正常。若溶液发红，可能反应不成功。

（5）酸化时，溶液的酸性不宜太强，否则难以析出固体。pH＝5～6。

（6）由于用石油醚（60～90 ℃）重结晶，故产品仪器均需干燥，否则很难溶解产物。

七、思考题

（1）此实验中选择的溶剂是 95％乙醇，可否选择甲醇呢？为什么？

（2）浓盐酸在这个实验中所起到的作用主要有哪些？

方法二：硼氢化钠还原法

一、实验目的

（1）学习用硼氢化钠还原法由酮制备仲醇的原理和方法。

（2）熟悉回流、重结晶等基本操作。

二、反应原理

二苯甲酮可以通过多种还原剂还原得到二苯甲醇。在碱性醇溶液中用锌粉还原，这是制备二苯甲醇常用的方法，适用于中等规模的实验室制备；对于少量合成，硼氢化钠是更理想的选择性地将醛酮还原为醇的负氢试剂。1 mol 硼氢化钠理论上能还原 4 mol 醛酮。本实验采用硼氢化钠还原，反应式如下：

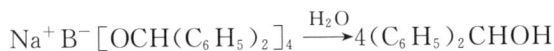

$$4(C_6H_5)_2C{=\!\!=}O + NaBH_4 \longrightarrow Na^+B^-[OCH(C_6H_5)_2]_4$$

$$Na^+B^-[OCH(C_6H_5)_2]_4 \xrightarrow{H_2O} 4(C_6H_5)_2CHOH$$

硼氢化钠常温常压下稳定，对空气中的水蒸气和氧较稳定，操作处理容易。因为溶解性的问题，通常使用甲醇、乙醇作为溶剂。

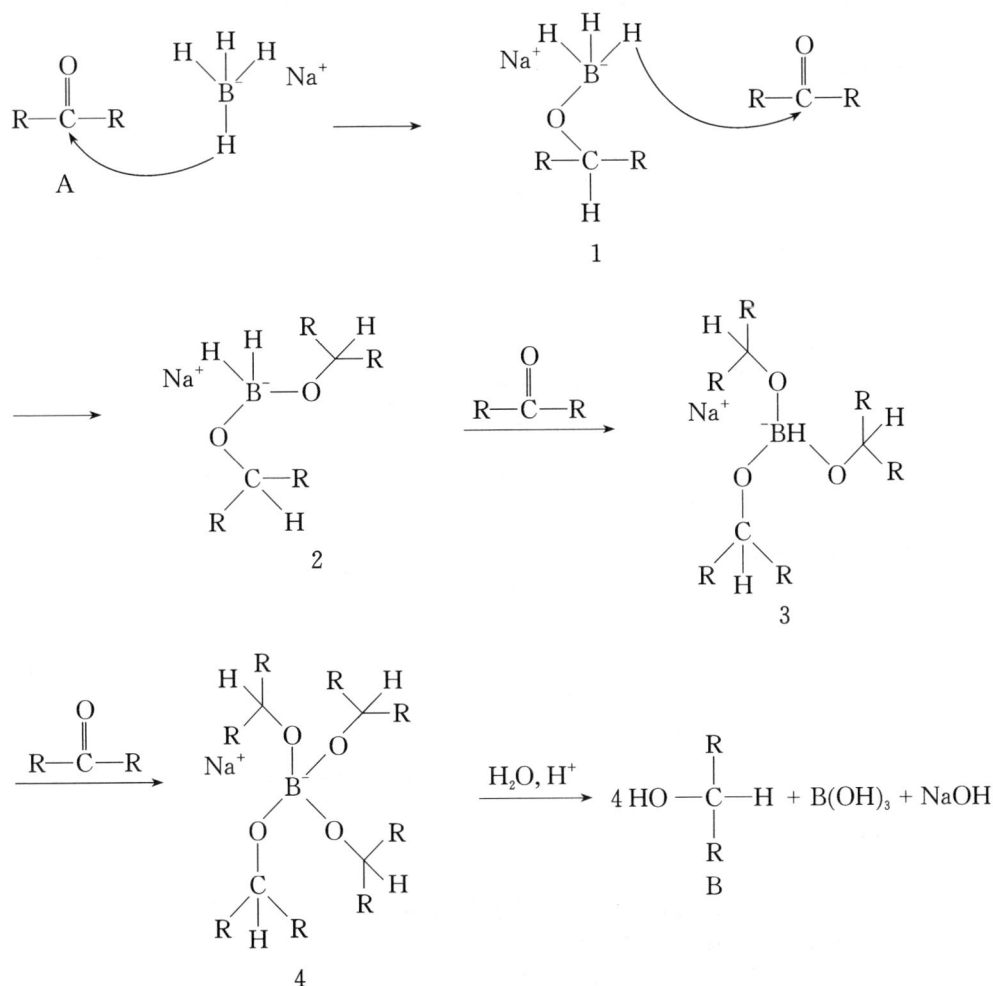

该反应的反应机理如下：首先 $NaBH_4$ 电离出来的 H^- 对正电荷中心的羰基进行

亲核加成,H⁻ 转移到羰基碳上,同时羰基氧形成 O⁻ 离子。$NaBH_4$ 迁走 H⁻ 后形成 BH_3,硼原子不饱和,它具有空轨道,于是硼原子与氧原子成键,其自身带上负电荷,形成八隅体结构的中间体 1,由于中间体 1 仍然含有 3 个 H⁻,它还可以进一步还原羰基,可以依次形成中间体 2、3、4。反应的最后一步是中间体 4 水解,断裂 B—O 键生成仲醇和 $Na^+B^-(OH)_4$,后者分解为 NaOH 和 $B(OH)_3$(硼酸)。因此,1 mol $NaBH_4$ 能还原 4 mol 原料,最终生成 4 mol 仲醇。

三、仪器与试剂

(1) 仪器:天平、圆底烧瓶、球形冷凝管、水浴锅、布氏漏斗、水泵、抽滤瓶、干燥器。

(2) 试剂:二苯甲酮、硼氢化钠、甲醇、石油醚(60～90 ℃)。

四、实验装置图

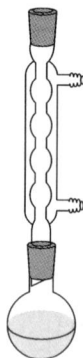

图 5-3　硼氢化钠还原制备
二苯甲醇反应装置

实验装置如图 5-3 所示。

五、实验步骤

往装有球形冷凝管的 25 mL 圆底烧瓶中,加入 1.83 g(0.01 mol)二苯甲酮和 8 mL 甲醇,摇动使其溶解。迅速称取 0.23 g(0.006 mol)硼氢化钠加入瓶中,摇动使之溶解。反应物自然升温至沸腾,然后室温下放置 20 min,不时振荡。加入 3 mL 水,在水浴上加热至沸,保持 5 min。冷却,析出晶体。减压过滤,粗品干燥后用石油醚(或环己烷)重结晶,干燥后得白色针状晶体,产量约 1 g,测熔点。

纯二苯甲醇的熔点为 69 ℃。

六、注意事项

(1) 采用硼氢化钠还原法,实验开始前应干燥仪器。

(2) 硼氢化钠有腐蚀性,称量时要小心操作,勿与皮肤接触。

七、思考题

(1) 硼氢化钠和氢化锂铝在还原性及操作上有何不同?

(2) 本实验完成后加水煮沸的目的何在?

实验二十五 2-甲基-2-丁醇的制备

一、实验目的

(1) 学习用 Grignard 试剂制备醇的原理和方法。

(2) 掌握蒸馏、搅拌、回流、萃取等操作技术。

二、实验原理

Grignard 试剂与醛或酮等羰基化合物发生亲核加成反应后的产物经水解生成醇。Grignard 试剂的性质非常活泼,能被许多含活泼氢的物质如水、醇、酸、胺等分解,故实验中要用的 Grignard 试剂一般是即时制备,并且反应是在无活泼质子的条件下进行。

本实验先通过溴乙烷与金属镁反应制备 Grignard 试剂,再将 Grignard 试剂与丙酮反应,反应产物水解就可生成 2-甲基-2-丁醇。

主反应:

$$CH_3CH_2Br + Mg \xrightarrow{\text{无水乙醚}} CH_3CH_2MgBr$$

$$CH_3CH_2MgBr \xrightarrow[CH_3\overset{\overset{\displaystyle O}{\|}}{C}CH_3]{} CH_3-\underset{\underset{\displaystyle CH_2CH_3}{|}}{\overset{\overset{\displaystyle OMgBr}{|}}{C}}-CH_3 \xrightarrow{H_2O,H^+} CH_3-\underset{\underset{\displaystyle CH_2CH_3}{|}}{\overset{\overset{\displaystyle OH}{|}}{C}}-CH_3$$

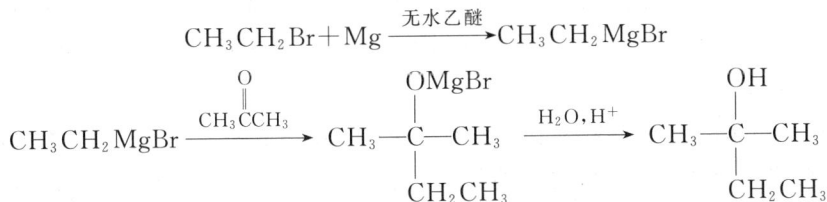

三、仪器与试剂

(1) 仪器:三口烧瓶、球形冷凝管、干燥管、恒压滴液漏斗、机械搅拌器、水浴锅、电热套等。

(2) 试剂:镁屑、溴乙烷、无水乙醚、无水丙酮、无水碳酸钾、碳酸钠、硫酸、碘。

四、实验装置图

实验装置如图 5-4 所示。

五、实验步骤

1. 乙基溴化镁的制备

在 250 mL 三口烧瓶上分别装搅拌器、球形冷凝管和恒压滴液漏斗,在冷凝管的上口装置氯化钙干燥管。瓶内放入 3.4 g (0.14 mol)镁屑及

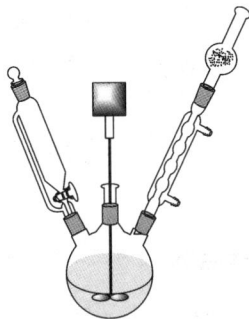

图 5-4 回流滴加搅拌反应装置

一小粒碘。在恒压滴液漏斗中加入 13 mL(19 g,0.17 mol)溴乙烷和 30 mL 无水乙醚,混匀。从滴液漏斗中滴入约 5 mL 混合液于三口烧瓶中,溶液呈微沸状态。碘的颜色消失后开动搅拌器,继续滴加其余的混合液,控制滴加速度,维持反应液呈微沸状态。滴加完毕,用温水浴回流搅拌 30 min,使镁屑几乎反应完全。

2. 2-甲基-2-丁醇的制备

将反应瓶置于冰水浴中,在搅拌下从恒压滴液漏斗中缓慢加入 10 mL 无水丙酮(7.9 g,0.14 mol)及 10 mL 无水乙醚的混合液,滴加完毕,在室温下搅拌 15 min,瓶中有灰白色黏稠状固体析出。继续搅拌下,自恒压滴液漏斗滴入 60 mL 冷 20%硫酸溶液,滴加完毕后,搅拌 15 min,静置;然后分出醚层,水层用乙醚萃取 2 次,每次 20 mL,合并醚层;醚层先用 15 mL 5%碳酸钠溶液洗涤,再用无水碳酸钾干燥。用普通蒸馏法先除去溶剂乙醚,升温后收集 95～105 ℃馏分。

纯 2-甲基-2-丁醇为无色液体,沸点为 102.5 ℃,$d_4^{20}=0.805$。

六、注意事项

(1) 制备 Grignard 试剂时所用的仪器必须干燥。

(2) 氯代烃、丙酮及溶剂乙醚用前均要处理,确保其无活泼质子、羰基化合物等。

(3) 卤代芳烃或卤代烃和镁的作用较难发生时,通常温热或用一小粒碘作为催化剂,以促使反应开始。

(4) Grignard 试剂制备实验中,溴乙烷滴加速度不能太快,否则反应过于剧烈不易控制,会增加副产物正丁烷的生成量。

(5) 2-甲基-2-丁醇与水形成沸点为 87.4 ℃的二元共沸混合物(含水 27.5%),如果在蒸馏前不把水除尽,就会有较多的前馏分,影响产率。

七、思考题

(1) 本实验成败的关键有哪些?为什么?为此你采取了哪些措施?

(2) 本实验中用的干燥剂是无水碳酸钾,能不能换作无水氯化钙?为什么?

(3) 能否用浓氢氧化钠溶液代替饱和碳酸钠溶液来洗涤蒸馏液?

实验二十六　2-甲基-2-己醇的制备

一、实验目的

(1) 了解 Grignard 试剂在有机合成中的应用,掌握其制备原理和方法。

(2) 掌握制备 Grignard 试剂的基本操作,巩固回流、萃取、蒸馏等操作。

二、反应原理

$$n\text{-}C_4H_9Br + Mg \xrightarrow{\text{无水乙醚}} n\text{-}C_4H_9MgBr$$

$$n\text{-}C_4H_9MgBr + CH_3COCH_3 \xrightarrow{\text{无水乙醚}} n\text{-}C_4H_9\underset{|}{C}(CH_3)_2$$
$$OMgBr$$

$$n\text{-}C_4H_9\underset{|}{C}(CH_3)_2 + H_2O \xrightarrow{H^+} n\text{-}C_4H_9\underset{|}{C}(CH_3)_2$$
$$OMgBr \qquad\qquad\qquad OH$$

三、仪器与试剂

(1) 仪器：三口烧瓶、搅拌器、冷凝管、恒压滴液漏斗、水浴锅、分液漏斗、电热套、抽滤瓶、布氏漏斗等。

(2) 试剂：镁屑、正溴丁烷、丙酮、无水乙醚、10%硫酸溶液、5%碳酸钠溶液、无水碳酸钾。

四、实验步骤

1. 正丁基溴化镁的制备

参考图 5-4，在 100 mL 三口烧瓶上分别装置搅拌器[1]、冷凝管及恒压滴液漏斗，在冷凝管上口装置氯化钙干燥管(所有仪器必须干燥)[2]。向三口烧瓶内加入 1.5 g 镁屑[3]、10 mL 无水乙醚及一小粒碘。在恒压滴液漏斗中混合 6.4 mL 正溴丁烷和 15 mL 无水乙醚。先向瓶内滴入约 3 mL 正溴丁烷-无水乙醚混合液，数分钟后溶液微沸，碘颜色消失[4]。若不发生反应，可用温水浴加热。反应开始比较剧烈，必要时可用冷水浴冷却，待反应缓和后，自冷凝管上端加入 15 mL 无水乙醚。慢慢搅拌，并滴入剩余的正溴丁烷-无水乙醚混合液，控制滴加速度，维持反应液呈微沸状态。滴加完毕后，在热水浴上回流 20 min，使镁屑几乎作用完全。

2. 2-甲基-2-己醇的制备

将上面制好的 Grignard 试剂在冰水浴冷却及搅拌下，自恒压滴液漏斗滴入 5 mL 丙酮和 10 mL 无水乙醚的混合液，控制滴加速度，勿使反应过于猛烈。加完后，在室温下继续搅拌 15 min。溶液中可能有白色黏稠状固体析出。

将反应瓶在冰水浴冷却及搅拌下，自恒压滴液漏斗中分批加入 45 mL 冷的 10%硫酸溶液，分解上述合成产物(开始慢滴，后可渐快)。分解完全后，将溶液倒入分液漏斗中，分出醚层。水层每次用 12 mL 乙醚萃取 2 次，合并醚层，用 14 mL 5%碳酸钠溶液洗涤一次，分液，用无水碳酸钾干燥[5]。

将干燥后的粗产物醚溶液滤入 25 mL 圆底烧瓶中，温水浴蒸去乙醚[6]，再在电热套(或石棉网)上加热蒸出产品，收集 137~141 ℃馏分，产量 3~4 g。

本实验约需 6 h。

五、注意事项

（1）Grignard 试剂的制备所需仪器必须干燥，并注意控制滴加速度。

（2）乙醚易挥发，易燃，忌用明火，注意通风。

（3）2-甲基-2-己醇与水形成共沸混合物，合理用干燥剂（0.05～0.1 g/mL），彻底干燥，否则前馏分将增加。

（4）为使开始时正溴丁烷局部浓度大，易于反应，搅拌在反应开始后进行。

六、思考题

（1）将 Grignard 试剂与丙酮加成物水解前各步中，为何用的药品仪器必须干燥？采取了什么措施？

（2）反应开始前，加入大量正溴丁烷有什么不好？

（3）本实验有哪些可能的副反应？如何避免？

（4）为何得到的粗产物不能用无水氯化钙干燥？实验中用过哪几种干燥剂？

（5）用 Grignard 试剂法制备 2-甲基-2-己醇，还可用什么原料？写出反应式，并比较几种不同路线。

七、注释

［1］搅拌轴与棒在一条直线上，先用手试搅拌棒转动是否灵活，再在低速下开搅拌器试运转；棒下端在液面下，离烧杯底 3～5 mm。也可用电磁搅拌代替电动搅拌。

［2］实验所用仪器、试剂必须干燥。正溴丁烷用无水氯化钙干燥并蒸馏纯化，丙酮用无水碳酸钾干燥并蒸馏纯化。

仪器烘干后，取出稍冷即放入干燥器中冷却。或将仪器取出，在开口处用塞子塞紧，防止冷却过程中玻璃壁吸附空气中水分。

［3］镁屑不宜采用长期放置的。如长期放置，镁屑表面常有一层氧化膜，可采用以下方法除去：用 5％盐酸与镁屑反应数分钟，抽滤除去酸液后，依次用水、乙醇、乙醚洗涤。抽干后，置于干燥器内备用。

也可用镁带代替镁屑，使用前用细砂纸将其表面擦亮，剪成小段。

［4］为了使开始时正溴丁烷局部浓度较大，易于发生反应，搅拌应在反应开始后进行。若 5 min 后反应仍不开始，可用温水浴温热，或在加热前加入一小粒碘促使反应开始。

［5］2-甲基-2-己醇与水能形成共沸混合物，因此必须很好地干燥，否则前馏分将大大地增加。

［6］由于醚溶液体积较大，可分批过滤蒸去乙醚。乙醚作为溶剂，使有机镁化合物更稳定，且后者能溶解于乙醚。乙醚价格低，沸点低，反应结束后易除去。

实验二十七　间硝基苯酚的制备

一、实验目的

(1) 掌握重氮盐的制备方法。

(2) 掌握间硝基苯胺经过重氮化方法制备间硝基苯酚的原理及方法。

(3) 巩固重结晶的原理与操作。

二、实验原理

芳香族伯胺在强酸介质中和亚硝酸作用，生成重氮盐的反应叫做重氮化反应。

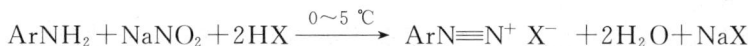

$$ArNH_2 + NaNO_2 + 2HX \xrightarrow{0\sim5\ ℃} ArN\equiv N^+ X^- + 2H_2O + NaX$$

这是芳香伯胺特有的性质，生成的化合物 $ArN_2^+ X^-$ 称为重氮盐。芳基重氮盐在有机合成中有着极重要的地位，与脂肪族重氮盐不同，芳基重氮盐中，重氮基上的 π 电子可以同苯环上的 π 电子重叠，使稳定性增加。芳基重氮盐作为中间体可用来合成多种有机化合物，被称为芳香族的"Grignard 试剂"，无论在工业或实验室制备中都具有重要的价值。

重氮盐具有很强的化学活性，其重氮基可以被—OH、—H、—X、—CN、—NO$_2$等基团取代，因此被广泛应用于芳香化合物的合成。本实验通过用羟基置换重氮基，使羟基进入原氨基所在的位置，是合成具有指定结构的酚的很好的方法。

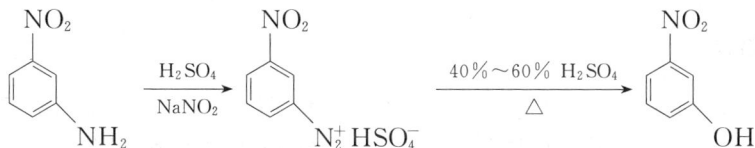

在弱碱性或弱酸性条件下，反应生成的酚能与未反应的重氮盐发生偶联反应，生成偶氮化合物，因此该反应最好在强酸性溶液中进行。

以制备酚为目的时，重氮化反应通常在硫酸中进行，这是因为使用盐酸时会发生副反应，重氮基被氯原子取代，生成氯苯：

$$ArN_2^+ Cl^- \xrightarrow{\triangle} ArCl + N_2 \uparrow$$

而硫酸根由于亲核性较弱，不易发生副反应。

三、仪器与试剂

(1) 仪器：烧杯、锥形瓶、圆底烧瓶、滴液漏斗、酒精灯、玻璃棒、量筒等。

(2) 试剂：间硝基苯胺、亚硝酸钠、浓硫酸、盐酸、淀粉-碘化钾试纸、活性炭。

四、实验步骤

1. 重氮盐的制备

在烧杯中将 5.5 mL 浓硫酸溶于 9 mL 水,然后往该溶液中加入 3.5 g 研成粉末的间硝基苯胺和 10～12 g 碎冰,充分搅拌,至粉末变成糊状。将烧杯置于冰盐浴中冷至 5 ℃ 以下,在充分搅拌下由滴液漏斗滴加 1.7 g 亚硝酸钠溶于 5 mL 水形成的溶液,控制滴加速度,使温度保持在 5 ℃ 以下,约 5 min 加完,必要时可加入几小块冰,以防温度上升。滴加完毕后,继续搅拌 10 min。然后取一滴反应液,用淀粉-碘化钾试纸进行亚硝基实验,若变蓝表明亚硝酸钠已经过量,必要时,可补加亚硝酸钠。然后将反应物在冰盐浴中放置 5～10 min,重氮盐以晶体的形式析出,倾出大部分清液于锥形瓶中,待用。

2. 间硝基苯酚的制备

在圆底烧瓶中,加入 12.5 mL 水,摇荡下小心加入 16.5 mL 浓硫酸。将配制的稀硫酸在石棉网上加热至沸。分批加入锥形瓶中的重氮盐溶液,保持反应液剧烈沸腾,约 15 min 加完。然后再分批加入留在烧瓶中的重氮盐晶体。控制加入速度,以免因氮气迅速释放产生大量泡沫而使反应物溢出。此时的反应液呈现深褐色,部分间硝基苯酚呈黑色油状物析出。加完后,继续煮 15 min。稍冷后,将反应混合物倾入用冰水浴冷却的烧杯中,并充分搅拌,使产物形成小而均匀的晶体。抽滤析出的晶体,用少量冰水洗涤几次,压干,得湿的褐色粗产物(约 2 g),产物用 15% 盐酸重结晶,加适量的活性炭脱色,得干燥后的淡黄色间硝基苯酚晶体。产量为 1.2 g 左右,熔点为 96～97 ℃。

本实验需 5～6 h。

五、注意事项

(1) 大多数重氮盐很不稳定,温度高时容易分解,所以必须严格控制反应温度。重氮盐不宜长期保存,制好后应立即使用,而且通常不把它分离出来,直接用于下一步合成。

(2) 亚硝酸钠的加入速度不宜过慢,以防止重氮盐与未反应的芳香胺发生偶联反应,生成黄色不溶性的重氮氨基化合物。强酸性介质有利于抑制偶联反应的发生。

六、思考题

(1) 什么叫重氮化反应? 它在有机合成中有何应用?

(2) 为什么重氮化反应必须在低温下进行? 如果温度过高或溶液酸度不够会产生什么副反应?

(3) 邻硝基苯胺和对硝基苯胺与氢氧化钠溶液一起煮沸后可生成对应的硝基酚,而间硝基苯胺却不发生类似的反应,试解释。

(4) 写出由硝基苯为原料制备间硝基苯酚的合成路线,为什么间硝基苯酚不能由苯酚硝化来制备?

实验二十八 乙醚的合成

一、实验目的

(1) 掌握实验室制备乙醚的原理和方法。

(2) 初步掌握低沸点易燃液体的操作要点。

二、实验原理

醚能溶解多数的有机化合物,有些有机化学反应必须在醚中进行,因此,醚是有机合成中常用的溶剂。

实验室制备乙醚的反应式如下:

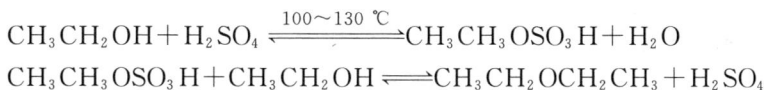

$$CH_3CH_2OH + H_2SO_4 \xrightleftharpoons{100 \sim 130\ ℃} CH_3CH_3OSO_3H + H_2O$$

$$CH_3CH_3OSO_3H + CH_3CH_2OH \rightleftharpoons CH_3CH_2OCH_2CH_3 + H_2SO_4$$

总反应:

$$CH_3CH_2OH \underset{H_2SO_4}{\overset{140\ ℃}{\rightleftharpoons}} CH_3CH_2OCH_2CH_3 + H_2O$$

副反应:

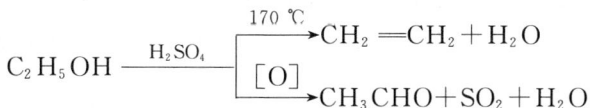

$$C_2H_5OH \xrightarrow{H_2SO_4} \begin{matrix} \xrightarrow{170\ ℃} CH_2 = CH_2 + H_2O \\ \overset{[O]}{\longrightarrow} CH_3CHO + SO_2 + H_2O \end{matrix}$$

$$CH_3CHO \xrightarrow{H_2SO_4} CH_3COOH + SO_2 + H_2O$$

$$SO_2 + H_2O \longrightarrow H_2SO_3$$

三、仪器与试剂

(1) 仪器:三口烧瓶、滴液漏斗、温度计、冷凝管、接引管、分液漏斗、水浴锅、圆底烧瓶等。

(2) 试剂:95%乙醇、浓硫酸、5%氢氧化钠溶液、饱和氯化钠溶液、饱和氯化钙溶液、无水氯化钙。

四、实验装置图

实验装置如图 5-5 所示。

五、实验步骤

1. 乙醚的制备

在干燥的三口烧瓶中加入 12 mL 乙醇,将三口烧瓶浸入冷水浴中,缓缓加入 12 mL

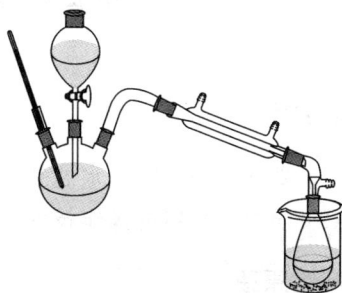

图 5-5 乙醚合成装置图

浓硫酸,混合均匀;滴液漏斗中加入 25 mL 乙醇,漏斗脚末端和温度计的水银球必须浸入液面以下,距离瓶底 0.5~1 cm;用作接收瓶的烧瓶应浸入冰水浴中冷却,接引管的支管接上橡皮管并通入下水道或室外;将反应瓶放在石棉网上加热,使反应温度比较迅速升温到 140 ℃。开始由滴液漏斗慢慢加入乙醇,控制滴入速度与馏出速度大致相等(约 1 滴/s),维持反应温度在 135~145 ℃内,30~45 min 滴完,再继续加热 10 min,直到温度升到 160 ℃,去掉热源,停止反应。

2. 乙醚的精制

将馏出液转至分液漏斗中,依次用 8 mL 5%氢氧化钠溶液、8 mL 饱和氯化钠溶液洗涤,最后用 8 mL 饱和氯化钙溶液洗涤 2 次。分出醚层,用无水氯化钙干燥(注意容器外仍需用冰水冷却)。当瓶内乙醚澄清时,则将它小心地转入蒸馏烧瓶中,加入沸石,在热水浴中(60 ℃)蒸馏,收集 33~38 ℃馏出液,产量为 7~9 g(产率约 35%)。

纯乙醚的沸点为 34.51 ℃,$n_D^{20}=1.3526$。

六、注意事项

(1) 先加乙醇再加浓硫酸,不能倒过来,否则乙醇加在浓硫酸里大量放热容易溅出。

(2) 加浓硫酸时"少量多次",滴加浓硫酸的同时注意冷却和振摇。

(3) 滴液漏斗先检漏,距离三口烧瓶底部 0.5~1 cm,防止产生的乙醚气体顶住管口使乙醇滴不下来。

七、思考题

(1) 本实验中,采用哪些措施把混在粗制乙醚里的杂质——除去?

(2) 反应温度过高或过低对反应有什么影响?

(3) 如滴液漏斗的下端较短不能进入反应液液面下,应该怎么办?

(4) 在制备乙醚和蒸馏乙醚时,温度计安装的位置是否相同?为什么?

实验二十九　正丁醚的制备

一、实验目的

(1) 掌握醇分子间脱水制醚的反应原理和实验方法。

(2) 学习分水器的操作技术。

二、实验原理

通过醇分子间脱水生成醚是制备简单醚的常用方法。本实验用硫酸作催化剂,在不同温度下正丁醇和硫酸作用会生成不同的产物,如丁烯或正丁醚。因此反应须严格控制温度,避免副产物的生成。

主反应:

$$2CH_3CH_2CH_2CH_2OH \xrightarrow[134\sim135\ ℃]{H_2SO_4} CH_3CH_2CH_2CH_2OCH_2CH_2CH_2CH_3 + H_2O$$

副反应:

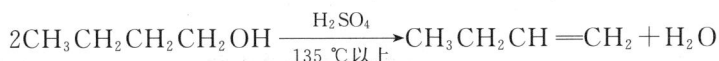

$$2CH_3CH_2CH_2CH_2OH \xrightarrow[135\ ℃以上]{H_2SO_4} CH_3CH_2CH =\!\!= CH_2 + H_2O$$

本实验用分水器将反应中生成的水移出反应体系,使平衡向右移动,提高收率。

三、仪器与试剂

(1) 仪器:电热套、三口烧瓶、圆底烧瓶、球形冷凝管、分液漏斗、温度计、接引管。

(2) 试剂:正丁醇、浓硫酸、50%硫酸溶液、饱和氯化钠溶液、5%氢氧化钠溶液、无水氯化钙。

四、实验步骤

(1) 在干燥的 100 mL 三口烧瓶中,放入 12.5 g(15.5 mL)正丁醇和 4 g(2.2 mL)浓硫酸,摇动使其混合,并加入几粒沸石。参考图 2-6 搭好反应装置。三口烧瓶中一瓶口装上温度计,温度计的水银球必须浸至液面以下;另一瓶口装上分水器,分水器上端接球形冷凝管,先在分水器中放置(V−2 mL)水(V 为分水器总容量),然后将三口烧瓶在石棉网上用小火加热,使瓶内液体微沸,开始回流。

(2) 随着反应的进行,分水器中液面增高,这是由于反应生成的水,以及未反应的正丁醇,经冷凝管冷凝后聚集于分水器内。由于相对密度的不同,水在下层,而上层较水轻的有机相积累至分水器支管时即可返回反应瓶中,继续加热到瓶内温度升高到 135 ℃左右。分水器已全部被水充满时,表示反应已基本完成,约需 1 h。如继续加热,则溶液变黑,并有大量副产物丁烯生成。

(3) 反应物冷却后,把混合物连同分水器里的水一起倒入盛有 25 mL 水的分液漏斗中,充分振摇,静置后,分出粗产物正丁醚。用 16 mL 50%硫酸溶液分 2 次洗涤,再用 10 mL 水洗涤,然后用无水氯化钙干燥。将干燥后的产物仔细地注入圆底烧瓶中,蒸馏,收集 139～142 ℃馏分,产量为 5～6 g(产率约 50%)。

纯正丁醚的沸点为 142 ℃,$n_D^{20} = 1.3992$。

五、注意事项

(1) 投料时需充分摇动,否则硫酸局部过浓,加热后易使反应溶液变黑。

(2) 用饱和氯化钠溶液的目的是降低正丁醇和正丁醚在水中的溶解度。

(3) 在碱洗过程中,不宜剧烈地摇动分液漏斗,否则严重乳化,难以分层。

六、思考题

(1) 制备乙醚和正丁醚在反应原理和实验操作上有什么不同？

(2) 反应结束为什么要将混合物倒入 25 mL 水中？各步洗涤的目的是什么？

(3) 使用分水器的目的是什么？

(4) 如果反应温度过高，反应时间过长，会导致什么结果？

5.3　醛、酮的制备

实验三十　2-乙基-2-己烯醛的制备

一、实验目的

(1) 学习通过羟醛缩合反应制备 α,β-不饱和醛的原理和方法。

(2) 学习减压蒸馏的基本操作。

二、实验原理

正丁醛在稀碱催化作用下发生羟醛缩合反应生成 2-乙基-3-羟基己醛，该化合物在反应条件下进一步脱水生成 2-乙基-2-己烯醛。

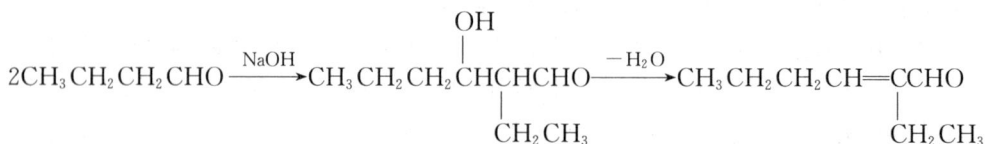

$$2CH_3CH_2CH_2CHO \xrightarrow{NaOH} \underset{\underset{CH_2CH_3}{|}}{CH_3CH_2CH_2\overset{\overset{OH}{|}}{CH}CHCHO} \xrightarrow{-H_2O} \underset{\underset{CH_2CH_3}{|}}{CH_3CH_2CH_2CH=CCHO}$$

三、仪器与试剂

(1) 仪器：三口烧瓶、电动搅拌器、球形冷凝管、恒压滴液漏斗、分液漏斗、水浴锅、锥形瓶、减压蒸馏装置等。

(2) 试剂：正丁醛、5％氢氧化钠溶液、无水硫酸钠。

四、实验步骤

(1) 参考图 5-4，在装有电动搅拌器、球形冷凝管和恒压滴液漏斗的三口烧瓶中加入 5 mL 5％氢氧化钠溶液，在恒压滴液漏斗中加入 13 mL(0.15 mol)正丁醛。在充分搅拌下，将正丁醛缓慢滴加到三口烧瓶中，约 10 min 滴加完毕。滴加结束后在 90 ℃水浴中加热搅拌 1 h，此时反应液变为浅黄色或橙色。

(2) 将反应液转移至分液漏斗中，分出水相，有机相用 5 mL 水分 3 次洗涤后转移至干燥锥形瓶中,静置一会儿后变成清亮的液体。

(3) 减压蒸馏,收集 60～70 ℃(1.33～4.0 kPa)的馏分。产品为无色或略带淡黄色的液体,沸点为 177 ℃。产量为 6～7 g。

本实验约需 6 h。

五、注意事项

(1) 搅拌器接口处要注意密封,防止正丁醛挥发。

(2) 分液后有机相如果放置一段时间后仍没有变澄清,可用无水硫酸钠干燥。

(3) 产物 2-乙基-3-己烯醛有刺激性,易引起过敏,处理产物时注意不要让其与皮肤接触。

六、思考题

(1) 本实验中,氢氧化钠溶液的作用是什么? 氢氧化钠溶液的浓度太高或用量过大会导致什么结果?

(2) 为什么最后的产物需要用减压蒸馏来提纯?

实验三十一　苯甲醛的制备

一、实验目的

(1) 学习通过双氧水氧化伯醇制备醛的原理及方法。

(2) 了解相转移催化剂对有机化学反应的催化作用。

二、实验原理

醛比醇更容易被氧化,用一般的氧化剂氧化伯醇制备醛,产率通常不高。实验室常用铬盐作为氧化剂将伯醇氧化来制备醛,但由于铬盐对环境污染严重,有研究尝试用更为清洁的氧化剂来代替铬盐。近年来有文献报道,在钨酸钠存在下,使用硫酸氢甲基三正辛基铵为相转移催化剂,30%双氧水作为氧化剂,在水溶液中将伯醇、仲醇氧化为相应的醛、酮,有着很高的转化率和选择性,且污染较低,符合绿色化学的要求。本实验采用该方法以苯甲醇为原料制备苯甲醛,反应式如下:

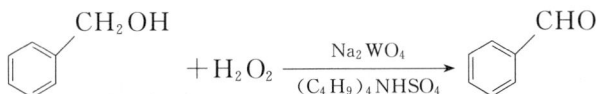

$$\text{C}_6\text{H}_5\text{CH}_2\text{OH} + \text{H}_2\text{O}_2 \xrightarrow[\text{(C}_4\text{H}_9)_4\text{NHSO}_4]{\text{Na}_2\text{WO}_4} \text{C}_6\text{H}_5\text{CHO}$$

三、仪器与试剂

(1) 仪器:圆底烧瓶、冷凝管、分液漏斗、锥形瓶、电热套、水浴锅等。

(2) 试剂:苯甲醇、30%双氧水、$Na_2WO_4 \cdot 2H_2O$、硫酸氢四正丁基铵、甲基叔丁基醚、饱和硫代硫酸钠溶液、无水硫酸镁。

四、实验步骤

(1) 在 50 mL 圆底烧瓶中,依次加入硫酸氢四正丁基铵 0.2 g、$Na_2WO_4 \cdot 2H_2O$ 0.2 g、30%双氧水(H_2O_2)7.5 mL(相当于 0.069 mol)和水 10 mL,安装回流反应装置,开动电磁搅拌 5 min 后,加入苯甲醇 6.5 mL(6.5 g,0.06 mol),在 90 ℃水浴中加热搅拌 3 h。

(2) 待反应液冷却后,转移至分液漏斗中,分出油层,用甲基叔丁基醚萃取水层 2 次,每次用 10 mL 甲基叔丁基醚。合并油层与醚层,用 10 mL 饱和硫代硫酸钠溶液洗涤,用无水硫酸镁干燥。常压蒸馏回收甲基叔丁基醚,减压蒸馏收集 59～61 ℃(1.33 kPa)的馏分。产量约 5.0 g。

纯苯甲醛为无色透明液体,沸点为 178 ℃,$n_D^{20} = 1.5463$。

五、注意事项

(1) 可以采用水蒸气蒸馏方法分离出粗产物。反应 3 h 后,加入适量的饱和硫代硫酸钠溶液,然后改成蒸馏装置,蒸出苯甲醛和水的混合物,至温度计读数达 100 ℃时停止蒸馏。

(2) 硫代硫酸钠的作用是除去未转化的过氧化氢。

六、思考题

(1) 本实验还可以使用什么相转移催化剂?

(2) 未转化的苯甲醇是怎样除去的?

实验三十二　　由环己醇合成环己酮

一、实验目的

(1) 学习铬酸氧化法制备环己酮的原理和方法。

(2) 通过仲醇转变为酮的实验,进一步了解醇和酮之间的联系和区别。

二、实验原理

仲醇在氧化剂作用下可以被氧化成酮,这是实验室制备酮的一种重要方法。本实验以重铬酸钾为氧化剂,氧化环己醇来制备环己酮,主反应式如下:

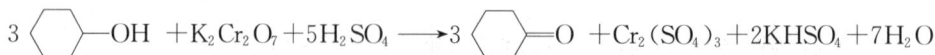

$$3\bigodot\!\!-OH + K_2Cr_2O_7 + 5H_2SO_4 \longrightarrow 3\bigodot\!\!=O + Cr_2(SO_4)_3 + 2KHSO_4 + 7H_2O$$

三、仪器与试剂

(1) 仪器:圆底烧瓶、温度计、蒸馏头、直形冷凝管、接引管、分液漏斗、烧杯、电热套、空气冷凝管等。

(2) 试剂:环己醇、重铬酸钾、浓硫酸、甲醇、氯化钠、无水硫酸镁。

四、实验装置图

实验装置如图 5-6 所示。

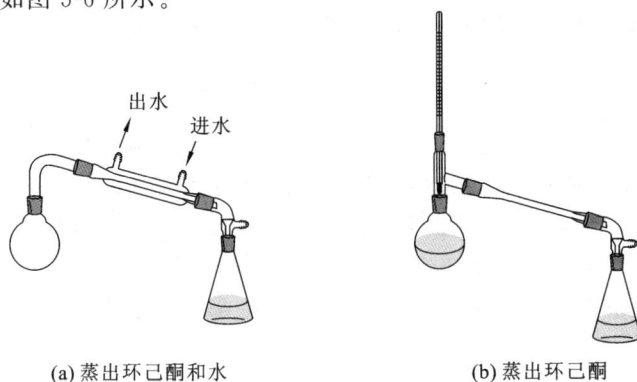

(a) 蒸出环己酮和水   (b) 蒸出环己酮

图 5-6   环己酮的合成与蒸馏装置

五、实验步骤

(1) 在 50 mL 圆底烧瓶内放入 25 mL 冰水,一边摇动烧瓶,一边慢慢地加入 3.5 mL 浓硫酸,再小心地加入 4.0 mL(3.85 g,0.0385 mol)环己醇,用冰水浴将溶液冷却至 15 ℃。

(2) 在 100 mL 烧杯内,将 3.88 g(0.0132 mol)重铬酸钾水合物溶于 12 mL 水中。用冰水浴将此溶液冷却到 15 ℃,然后分几批加到环己醇的硫酸溶液中,并不断地摇动烧瓶,使反应物充分混合。第一批重铬酸钾溶液加入后,不久反应物温度会自行上升,反应物由橙红色变成墨绿色。待反应物温度升到 55 ℃时,可用冰水浴适当冷却,控制反应温度在 55～60 ℃。待反应物的橙红色完全消失后,方可加下一批。重铬酸钾溶液全部加完后,仍继续摇动烧瓶,直至反应温度出现下降趋势后,再间歇摇动 3 min,然后加入 0.3～0.6 mL 甲醇以还原过量的氧化剂,直至溶液呈深绿色。

(3) 在反应物内加入 15 mL 水及沸石,按图 5-6(a)安装蒸馏装置,在电热套上加热蒸馏,把环己酮和水一起蒸出,收集约 13 mL 馏出液。馏出液中加入约 3 g 氯化钠,搅拌促使氯化钠溶解。将此液体移入分液漏斗中,静置等待其分层,然后分离出有机层(环己酮),用无水硫酸镁干燥。按图 5-6(b)安装蒸馏装置,蒸馏,收集 151～156 ℃的馏分。产量约 1 g。

纯环己酮为无色液体,沸点为 $155.7\ ℃$,$d_4^{20}=0.948$,$n_D^{20}=1.4507$ 。

六、注意事项

(1) 本合成反应是放热反应,必须严格控制温度。

(2) 反应物不宜过于冷却,以免积累起未反应的铬酸。当铬酸达到一定浓度时,氧化反应会进行得非常剧烈,有失控的危险。

(3) 也可以加入草酸来还原过量的氧化剂。

(4) 环己酮在水中有一定的溶解度($31\ ℃$时为 $2.4\ g/100\ g$)。馏出液中加入氯化钠的目的是降低环己酮的溶解度,并有利于环己酮的分层。

七、思考题

(1) 在加重铬酸钠溶液过程中,为什么要待反应物的橙红色完全消失后,方可加下一批重铬酸钠?在整个氧化反应过程中,为什么要控制温度在一定的范围内?

(2) 氧化反应结束后,为什么要往反应物中加入甲醇或草酸?

(3) 如果从反应混合液中蒸馏出过多的馏出液,会有什么结果?如何弥补?

(4) 从反应混合物中分离出环己酮,除了现在采用的水蒸气蒸馏法外,还可采用何种方法?

(5) 在蒸馏环己酮、收集 $151\sim156\ ℃$ 的馏分时,应选用水冷型冷凝管还是空气冷凝管?

实验三十三　苯乙酮的制备

一、实验目的

(1) 学习通过傅-克酰基化反应制备苯乙酮的原理及方法。

(2) 掌握通过蒸馏分离有机液体的操作。

二、实验原理

本实验采用傅-克酰基化反应制备苯乙酮。该反应是在无水三氯化铝等路易斯酸的作用下,芳香烃与酰卤或酸酐发生反应,芳环上的氢原子被酰基取代,生成芳香酮。主反应式如下:

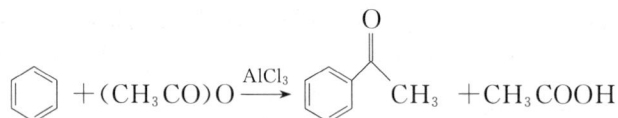

三、仪器与试剂

(1) 仪器:三口烧瓶、搅拌器、球形冷凝管、恒压滴液漏斗、水浴锅、温度计、空气冷凝管、圆底烧瓶、分液漏斗、锥形瓶、电热套等。

（2）试剂：苯、无水三氯化铝、醋酸酐、浓硫酸、浓盐酸、5％氢氧化钠溶液。

四、实验步骤

本实验所用的药品必须是无水的，所用的仪器必须是干燥的。

（1）取 100 mL 三口烧瓶，在中间瓶口装配搅拌器，液封管内盛浓硫酸，一侧口装恒压滴液漏斗，另一侧口装球形冷凝管，球形冷凝管上口装上氯化钙干燥管并连接气体吸收装置。

（2）在烧瓶中迅速放入 16 g（0.12 mol）无水三氯化铝和 20 mL（17.6 g，0.226 mol）苯。在恒压滴液漏斗中放入4.7 mL（5.1 g，0.05 mol）新蒸馏过的醋酸酐和5 mL（4.4 g，0.056 mol）苯的混合液。在搅拌下慢慢滴加醋酸酐的苯溶液。反应很快就开始，放出氯化氢气体，三氯化铝逐渐溶解，反应物的温度也自行升高。应控制滴加速度，使苯缓缓地回流。加料时间约需 10 min。加完醋酸酐后，关闭恒压滴液漏斗旋塞，在石棉网上用小火加热，保持缓缓回流 1 h。

（3）待反应物冷却后，在通风橱内把反应物慢慢地倒入 50 g 碎冰中，同时不断搅拌。然后加入 30 mL 浓盐酸，使析出的氢氧化铝沉淀溶解。如果仍有固体存在，再适当增加一点浓盐酸。用分液漏斗分出苯层。水层用 20 mL 苯分 2 次萃取。合并苯溶液，用 15 mL 5％氢氧化钠溶液洗涤，再用水洗涤。分出苯层。

（4）在 50 mL 蒸馏烧瓶上装一个滴液漏斗，将吸收装置换成长橡皮管通入水槽或引至室外。将苯溶液倒入滴液漏斗中，先放约 10 mL 苯溶液到烧瓶中，在沸水浴上加热蒸馏，同时把剩余的苯溶液逐渐地滴加入烧瓶中，直到苯蒸不出为止（苯溶液中所含的少量水分随苯共沸蒸出）。卸去恒压滴液漏斗，换上 250 ℃温度计，在石棉网上加热蒸出残留的苯。当温度升至 140 ℃左右时，停止加热。稍冷后换空气冷凝管和接收瓶，继续蒸馏，收集 195～202 ℃的馏分。产量为 3.5～4.0 g。

纯苯乙酮是无色油状液体，熔点为 19.6 ℃，沸点为 202 ℃，$d_4^{20}=1.028$，$n_D^{20}=1.53718$。

五、注意事项

（1）本实验最好用无噻吩的石油苯。要除去煤焦油苯中所含噻吩，可用浓硫酸多次洗涤（每次用相当于苯体积 15％的硫酸），直到不含噻吩为止，然后依次用水、10％氢氧化钠溶液和水洗涤，用无水氯化钙干燥后蒸馏。

检验苯中噻吩的方法：取 1 mL 样品，加 2 mL 0.1％靛红的浓硫酸溶液，振荡数分钟，若有噻吩，酸层将呈现浅蓝绿色。

（2）无水三氯化铝暴露在空气中，极易吸水分解而失效。应当用新升华的或包装严密的试剂。称取时动作要迅速。块状的无水三氯化铝在称取前需在研钵中迅速地研细。

（3）仪器或药品不干燥，将严重影响实验结果或使反应难以进行。

（4）回流时间延长,产率还可以提高。

（5）本实验也可用人工振荡代替机械搅拌。

六、思考题

（1）为什么要用过量的苯和无水三氯化铝?

（2）如果仪器不干燥或药品中含水,对实验的进行有什么影响?

（3）为什么要逐渐地滴加醋酸酐?

（4）为什么要用含盐酸的冰水来分解反应混合物?

（5）还可以用什么原料代替醋酸酐来制备苯乙酮?

实验三十四　　安息香缩合反应

一、实验目的

（1）学习安息香缩合反应的原理和应用。

（2）学习以维生素 B_1 为催化剂合成安息香的实验方法。

（3）掌握回流、重结晶等操作技术。

二、实验原理

在一定条件下,芳醛可以缩合生成安息香。本实验以苯甲醛为原料,用维生素 B_1（VB_1）作催化剂,反应生成安息香。

主反应:

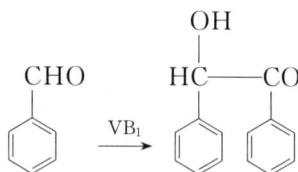

三、仪器与试剂

（1）仪器:圆底烧瓶、球形冷凝管、抽滤瓶、试管、减压泵、电热套等。

（2）试剂:苯甲醛、VB_1、10％氢氧化钠溶液、乙醇、活性炭。

四、实验步骤

（1）在 50 mL 圆底烧瓶中,加入 1.75 g（0.005 mol）VB_1、3.5 mL 蒸馏水和 15 mL 95％乙醇,摇匀溶解后将烧瓶置于冰水浴中冷却,同时取 5 mL 10％氢氧化钠溶液于一支试管中,也置于冰水中冷却。

（2）在冰水浴冷却下,将冷透的氢氧化钠溶液逐滴加入反应瓶中,然后加入 10 mL(10.4 g,0.098 mol)新蒸馏的苯甲醛,充分摇匀,调节反应液的 pH 值为 9～10。去掉冰水浴,加入几粒沸石,装上球形冷凝管,控制反应体系温度为 60～75 ℃,pH 值为 9～10,搅拌 1.5 h;等反应混合物冷至室温后,将烧瓶置于冰水中使结晶析出完全,抽滤并分 2 次用 20 mL 冷水洗涤结晶,干燥,得粗产品。

（3）粗产物可用 95％乙醇重结晶,必要时可加入少量活性炭脱色。

纯安息香为白色针状晶体,熔点为 137 ℃。

五、注意事项

（1）苯甲醛在放置过程中容易发生氧化等副反应,因此本实验所用苯甲醛必须为新蒸馏的。

（2）VB_1 质量对本实验影响很大,应使用新开瓶或密封而且保管良好的 VB_1;用不完的应尽快密封保存在阴凉处。

（3）VB_1 溶液和氢氧化钠溶液在反应前要用冰水冷透,否则 VB_1 的噻唑环在碱性条件下容易开环而失效,使实验失败。

（4）溶液 pH 值的调节可用 10％氢氧化钠溶液。

（5）在冷却析出安息香粗产品的操作中,冷却速度不宜太快,否则产物易呈油状析出。若是这样,可重新加热溶解后再慢慢冷却结晶。

（6）安息香在沸腾的 95％乙醇中的溶解度是 12～14 g/100 mL。

六、思考题

（1）本实验中为什么要使用新蒸馏的苯甲醛？为什么加入苯甲醛后,反应混合物的 pH 值要保持在 9～10？溶液的 pH 值过高或过低有什么不好？

（2）安息香缩合、羟醛缩合、歧化反应有什么不同？

实验三十五 苯亚甲基苯乙酮的制备

一、实验目的

（1）掌握羟醛缩合反应的原理和方法。

（2）学习反应温度控制方法。

（3）巩固恒压滴液漏斗、搅拌器的使用。

（4）巩固重结晶操作。

二、实验原理

苯亚甲基苯乙酮又称查耳酮,有顺(Z)-、反(E)-异构体,溶于乙醚、氯仿、二硫化碳和苯,微溶于乙醇,不溶于石油醚,吸收紫外光,有刺激性,能发生取代、加成、缩合、氧化、还原反应,常用作有机合成试剂和指示剂。

苯亚甲基苯乙酮由苯乙酮在碱性条件下与苯甲醛缩合而成。主反应式如下:

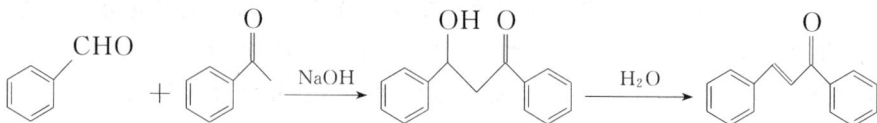

三、仪器与试剂

(1) 仪器:三口烧瓶、搅拌器、温度计、恒压滴液漏斗、抽滤瓶、布氏漏斗。

(2) 药品:苯甲醛、苯乙酮、10%氢氧化钠溶液、乙醇、石蕊试纸、活性炭。

四、实验步骤

反应装置参考图 5-4,在装有搅拌器、温度计和恒压滴液漏斗的 100 mL 三口烧瓶中,加入 12.5 mL 10%氢氧化钠溶液、8 mL 乙醇和 3 mL(3 g,0.025 mol)苯乙酮。搅拌下由恒压滴液漏斗滴加 2.5 mL(2.65 g,0.025 mol)苯甲醛,控制滴加速度,保持反应温度在 25～30 ℃[1]之间,必要时用冷水浴冷却。滴加完毕后,继续保持此温度搅拌 0.5 h。然后加入几粒苯亚甲基苯乙酮作为晶种[2],室温下继续搅拌 1～1.5 h,即有固体析出。反应结束后将三口烧瓶置于冰水浴中冷却 15～30 min,使结晶完全。

抽滤,收集产物,用水充分洗涤,至洗涤液用石蕊试纸检测显中性。然后用少量冷乙醇(2～3 mL)洗涤结晶,挤压抽干,得苯亚甲基苯乙酮粗品[3]。粗产物用 95%乙醇重结晶(每克产物需 4～5 mL 溶剂),若溶液颜色较深可加少量活性炭脱色,得浅黄色片状晶体(约 3 g),熔点为 56～57 ℃[4]。

本实验约需 6 h。

五、注意事项

(1) 苯甲醛须新蒸馏后使用。

(2) 控制好反应温度,温度过低时产物发黏,过高时副反应多。

(3) 产物熔点较低,重结晶加热时易呈熔融状,故须加乙醇作溶剂使其呈均相。

六、思考题

(1) 为什么主要产物不是苯乙酮的自身缩合或苯甲醛的 Cannizzaro 反应?

(2) 本实验可能发生哪些副反应? 实验中采取了哪些措施来避免副产物的产生?

(3) 本实验中,苯甲醛与苯乙酮加成后为什么不稳定并会立即失水?

七、注释

[1] 反应温度以 25～30 ℃为宜。温度过高,副产物多;过低,产物发黏,不易过滤和洗涤。

[2] 一般在室温下搅拌 1 h 后即可析出晶体,为引发结晶,最好加入事先制好的晶种。

[3] 苯亚甲基苯乙酮能使某些人皮肤过敏,处理时注意勿让其与皮肤接触。

[4] 苯亚甲基苯乙酮存在几种不同的晶形。通常得到的是片状的 α 体,纯粹的 α 体熔点为 58～59 ℃,另外还有棱状或针状的 β 体(熔点为 56～57 ℃)及 γ 体(熔点为 48 ℃)。

实验三十六　苄叉丙酮和二苄叉丙酮的制备

一、实验目的

(1) 学习利用反应物的投料比来控制反应产物。

(2) 学习利用衍生物来鉴别羰基化合物。

(3) 掌握利用羟醛缩合反应增长碳链的原理和方法。

二、实验原理

两分子具有活泼氢的 α-醛酮在稀酸或稀碱的催化下发生分子间缩合反应,生成 β-羟基醛酮(即羟醛酮);若提高反应温度,则进一步失水生成 α,β-不饱和醛酮,这种反应称为羟醛缩合反应。这是合成 α,β-不饱和羰基化合物的重要方法,也是有机合成中增长碳链的重要反应。

羟醛缩合分为自身羟醛缩合和交叉羟醛缩合两种,如没有 α-活泼氢的芳醛可与有 α-活泼氢的醛酮发生羟醛缩合,得到 α,β-不饱和醛酮,这种交叉的羟醛缩合为 Claisen-Schmidt 反应。这是合成侧链上含两种官能团的芳香族化合物及含几个苯环的脂肪族体系中间体的重要方法。

在碱的作用下,苯甲醛和丙酮的交叉羟醛缩合反应中,通过改变反应物的投料比可得到两种不同产物。

主反应:

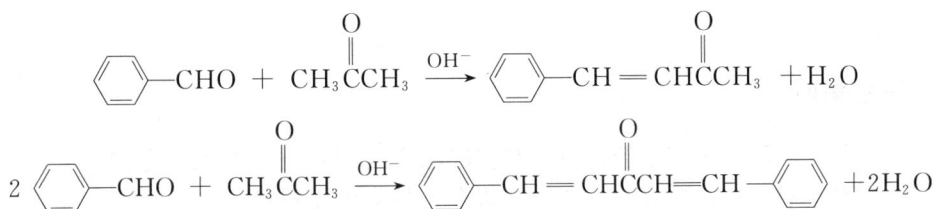

三、仪器与试剂

(1) 仪器:磁力搅拌器、电热套、三口烧瓶、恒压滴液漏斗、球形冷凝管、锥形瓶、表面皿、温度计、蒸馏装置。

(2) 试剂:苯甲醛、丙酮、无水乙醇、95%乙醇、10%氢氧化钠溶液、冰醋酸、盐酸、乙醚、饱和氯化钠溶液、2,4-二硝基苯肼、无水硫酸镁、活性炭。

四、实验装置图

实验装置如图 5-7 所示。

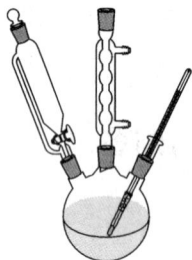

图 5-7　反应装置

五、实验步骤

1. 苄叉丙酮的制备(丙酮过量)

在装有恒压滴液漏斗、球形冷凝管,温度计的 50 mL 三口烧瓶中加入 13.5 mL 10%氢氧化钠溶液、2.4 mL (1.9 g,32 mmol)丙酮和搅拌磁子,向恒压滴液漏斗中加入 3.1 mL(3.2 g,30 mmol)新蒸馏的苯甲醛。开动磁力搅拌器,滴加苯甲醛,控制滴加速度使反应温度保持在 25~30 ℃,滴加完成后继续搅拌 30 min,再通过恒压滴液漏斗滴加盐酸(浓盐酸和水 1∶1 混合),使反应液呈中性,用分液漏斗分出黄色油层,水层用乙醚萃取 3 次,每次 10 mL。将萃取液和油层合并,用 10 mL 饱和氯化钠溶液洗涤一次,用无水硫酸镁干燥,过滤,滤液用水浴蒸馏回收乙醚,可得到黄色油状物的苄叉丙酮(约 2.8 g)。

取苄叉丙酮 0.5 mL,溶于 20 mL 95%乙醇中,在搅拌下,加入 15 mL 2,4-二硝基苯肼,静置 10 min,结晶,抽滤,固体用乙醇重结晶 2 次,所得晶体在空气中干燥,测其熔点(223 ℃)。

2. 二苄叉丙酮的制备(苯甲醛过量)

将 5.3 mL(5.5 g,52 mmol)新蒸馏的苯甲醛、1.8 mL(1.4 g,25 mmol)丙酮、40 mL 95%乙醇和 50 mL 10%氢氧化钠溶液在磁力搅拌下依次加入 250 mL 圆底烧瓶中,继续搅拌 20 min,抽滤,所得固体用水洗涤,抽干水分,用 1 mL 冰醋酸和 25 mL 95%乙醇配成的混合液浸泡、洗涤,最后再用水洗涤一次。

将固体转移到 100 mL 锥形瓶中用无水乙醇进行重结晶,将饱和溶液用冰水冷却到 0 ℃使其结晶充分,抽滤,将产品置于表面皿上用红外灯干燥,得到黄色片状晶体,产量约 4 g。

六、注意事项

(1) 如果溶液颜色不是淡黄色而是棕红色,可加入少量活性炭脱色。

(2) 烘干温度应控制在 50~60 ℃,以免产品熔化或分解。

（3）反应温度不要太高，温度升高时，副产物增多，产率下降。

（4）放置过程中应不时搅拌，使之充分反应。

（5）苯甲醛及丙酮的量应准确量取。

（6）搅拌不能太激烈。

七、思考题

（1）生成二苄叉丙酮和苄叉丙酮的反应条件有何不同？试解释。

（2）本实验中若碱的浓度过高，对实验有何影响？

（4）如何对二苄叉丙酮进行重结晶？

（5）若反应生成的产品为红棕色，应如何处理？

5.4　羧酸及其衍生物的制备

实验三十七　己二酸的制备

一、实验目的

（1）学习环己醇氧化制备己二酸的原理和方法。

（2）掌握浓缩、过滤及重结晶等操作技术。

二、实验原理

叔醇一般不易被氧化，仲醇氧化得到酮，酮遇到强氧化剂 $KMnO_4$、HNO_3 等时可以被氧化，碳链断裂生成多种碳原子数较少的羧酸混合物。环己酮是环状结构，控制好反应温度，氧化断裂后得到单一产物——己二酸。

主反应：

$$+KMnO_4+H_2O \longrightarrow HOOC(CH_2)_4COOH+MnO_2+KOH$$

三、仪器与试剂

（1）仪器：烧杯、磁力加热搅拌器、滴管、抽滤瓶、布氏漏斗、量筒、水浴锅、玻璃棒、蒸发皿等。

（2）药品：环己醇、高锰酸钾、亚硫酸氢钠、浓盐酸、10%氢氧化钠溶液、活性炭。

四、实验步骤

在 250 mL 烧杯中加入 5 mL 10%氢氧化钠溶液和 50 mL 水，置于磁力加热搅拌器上,搅拌下加入 6 g 高锰酸钾。待高锰酸钾溶解后,用滴管慢慢加入 2.1 mL 环己醇,控制滴加速度(1～2 滴/s),维持反应物温度在 45 ℃左右。滴加完毕,反应温度开始下降时,在沸水浴中将混合物加热 5 min,使反应完全并使二氧化锰沉淀凝聚。在一张平整的滤纸上用玻璃棒点一小滴混合物以检验反应是否完成,如果观察到试液的紫色存在,那么可以用少量亚硫酸氢钠固体来除掉过量的高锰酸钾,直到点滴实验呈阴性为止。

趁热抽滤混合物,滤渣用少量热水洗涤 3 次（每次约 2 mL),每次尽量挤压掉滤渣中的水分。合并滤液与洗涤液,用约 4 mL 浓盐酸酸化至 pH＝1～3。在石棉网上小心地加热蒸发使溶液的体积减小到 10 mL 左右,加少量活性炭脱色后放置结晶,分离白色的己二酸晶体,熔点为 151～152 ℃,产量为 1.5～2 g。

本实验需 3～4 h。

五、注意事项

(1) 高锰酸钾要研细,以利于高锰酸钾充分反应。

(2) 环己醇常温下为黏稠液体,可加入适量水并搅拌使其溶解,便于用滴管滴加。

(3) 本制备反应为强烈放热反应,所以滴加环己醇的速度不宜过快,否则容易因强烈放热,反应液温度急剧升高而引起爆炸。

(4) 用浓盐酸酸化时,要慢慢滴加,酸化至 pH＝1～3。

(5) 浓缩蒸发时,加热不要过猛,以防液体外溅。浓缩至 10 mL 左右后停止加热,让其自然冷却、结晶。

六、思考题

(1) 本实验为什么必须控制反应温度和环己醇的滴加速度?

(2) 反应的终点应如何判断?

(3) 从已经做过的实验来看,化合物的物理性质如沸点、熔点、相对密度、溶解度等在有机化学实验中有哪些应用?

实验三十八　乙酰水杨酸的制备

一、实验目的

(1) 学习以酚类化合物为原料合成酯的原理和方法。

(2) 熟悉重结晶、熔点测定、抽滤等基本操作。

(3) 了解乙酰水杨酸的用途。

二、实验原理

乙酰水杨酸由水杨酸羟基的乙酰化而制得。常用的酰基化试剂有酰氯、酸酐。因为酸酐比酰氯温和,所以实验制备乙酰水杨酸最常用的方法是将水杨酸与醋酸酐作用,通过乙酰化反应,使水杨酸分子中酚羟基上的氢原子被乙酰基取代,生成乙酰水杨酸。为了加速反应的进行,通常加入少量浓硫酸作催化剂,浓硫酸的作用是破坏水杨酸分子中羧基与酚羟基间形成的氢键,从而使乙酰化作用较易完成。在生成乙酰水杨酸的同时,水杨酸分子之间也可发生缩合反应,生成少量的聚合物。主反应如下:

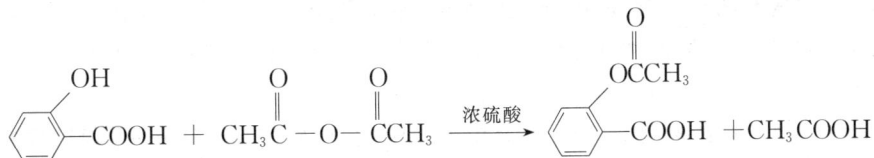

因为水杨酸是含有羧基(—COOH)和羟基(—OH)的双官能团化合物,所以温度较高时,双分子水杨酸间易发生酯化反应,生成水杨酰水杨酸酯。酯化反应产物尚有一个活性羟基,可以被进一步乙酰化生成乙酰水杨酰水杨酸酯,副反应如下:

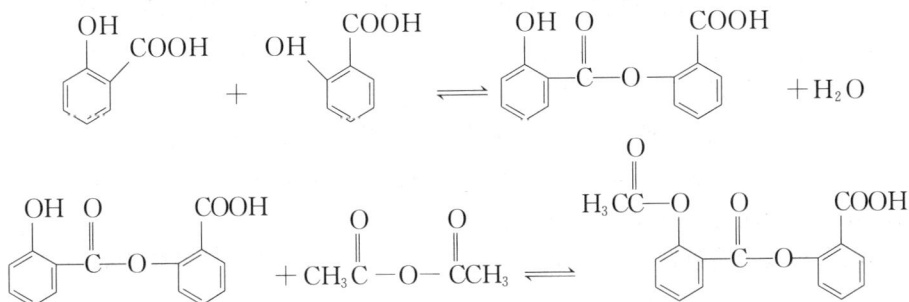

反应后得到的是粗制乙酰水杨酸,混有副产物和尚未反应的原料、催化剂等,必须经过纯化处理才能得到纯品。

乙酰水杨酸能与碳酸氢钠反应生成水溶性钠盐,而副产物聚合物不能溶于碳酸氢钠溶液,以此可以将聚合物与乙酰水杨酸分开。

粗制乙酰水杨酸中常会混有水杨酸,是由于乙酰化反应不完全或产物在分离步骤中发生分解。乙酰水杨酸中的水杨酸杂质可采用乙醇-水混合溶剂重结晶,或者乙醚-石油醚混合溶剂重结晶等方法除去(水杨酸在乙醚中溶解度很大)。与大多数酚类化合物一样,水杨酸可与三氯化铁形成深色配合物,乙酰水杨酸因酚羟基已被乙酰化,不再与三氯化铁发生颜色反应,因此可以使用三氯化铁溶液来检验产物中是否含有水杨酸杂质。

三、仪器与试剂

(1) 仪器:锥形瓶、烧杯、试管、圆底烧瓶、分液漏斗、布氏漏斗、抽滤瓶、水浴锅、表面皿。

（2）试剂：水杨酸、醋酸酐、饱和碳酸氢钠水溶液、1%三氯化铁溶液、乙酸乙酯、浓硫酸、浓盐酸。

四、实验步骤

（1）在 125 mL 锥形瓶中加入 2 g(0.014 mol)水杨酸、5.4 g(5 mL,0.05 mol)醋酸酐和 5 滴浓硫酸,充分摇荡锥形瓶使水杨酸完全溶解后,水浴加热 10～15 min,温度控制在 85～90 ℃。反应结束后,将溶液冷却至结晶析出。加入 50 mL 冷水,在冰水浴中冷却使结晶完全析出。抽滤,用少量滤液淋洗锥形瓶几次,直至所有析出晶体收集到布氏漏斗里,再用少量冰水冲洗晶体几次,继续抽滤,将溶剂尽量抽干。将粗产物移至表面皿上,在空气中风干,称重,粗产物约为 1.8 g。

（2）将粗产物转移至 150 mL 烧杯中,在搅拌下加入 25 mL 饱和碳酸氢钠溶液。加完后继续搅拌 10 min,直至没有气泡(二氧化碳)产生。抽滤,除去副产物聚合物,再用 10 mL 水冲洗漏斗,合并滤液,倒入预先盛有 3～4 mL 浓盐酸和 10 mL 水的烧杯中,均匀搅拌,即有乙酰水杨酸沉淀物析出。将烧杯置于冰水浴中冷却,使结晶完全析出。抽滤,用干净的玻璃塞挤压滤饼,尽量抽去滤液,再用冷水洗涤 3～5 次,抽干水分。将晶体转移至干净的表面皿上,干燥后为 1.3～1.5 g,取几粒晶体加入盛有 5 mL 水的试管中,再滴加 1～2 滴 1%三氯化铁溶液,观察有无颜色反应。

（3）为了得到更纯的产品,可将上述晶体一半溶于少量的乙酸乙酯(3～5 mL)中,溶解过程中最好水浴加热。如有不溶物,可用预热过的漏斗趁热过滤。将滤液冷却至室温,结晶析出,抽滤,收集产物,干燥后测熔点。

乙酰水杨酸为白色针状晶体,熔点为 135 ℃。表 5-1 列出了几种物质的物理性质。

表 5-1　相关物质的物理性质(常温常压)

名称	相对分子质量	熔点或沸点/℃	溶解性		
			水	醇	醚
水杨酸	138	158(s)	微	易	易
醋酸酐	102.09	139.35(l)	易	溶	∞
乙酰水杨酸	180.17	135(s)	溶(加热)	溶	微

本实验约需 4 h。

五、注意事项

（1）醋酸酐应是新蒸的,收集 139～140 ℃馏分。长时间放置的醋酸酐遇到空气中的水,容易变成醋酸。

（2）乙酰水杨酸易受热分解,因此熔点不明显,它的分解温度为 128～135 ℃。测定熔点时,应先将载体加热至 120 ℃左右,然后放入样品测定。

(3) 实验在通风橱中进行,因为醋酸酐具有强烈刺激性,注意不要粘在皮肤上。

(4) 仪器要全部干燥,药品也要经干燥处理。

(5) 要按照所述顺序加样。否则,如果先加水杨酸和浓硫酸,水杨酸就会被氧化。

(6) 水杨酸和醋酸酐最好的比例为 1:2 或 1:3。

(7) 本实验中要注意控制好温度(85～90 ℃),否则温度过高将增加副产物的生成量,如水杨酰水杨酸、乙酰水杨酰水杨酸、乙酰水杨酸酐等。

(8) 将反应液转移到水中时,要充分搅拌,将大的固体颗粒搅碎,以防重结晶时不易溶解。

(9) 抽滤后洗涤用水要少。

六、思考题

(1) 制备乙酰水杨酸时,加入浓硫酸的目的何在?

(2) 反应中有哪些副产物? 如何除去?

(3) 乙酰水杨酸在沸水中受热时分解而得到一种溶液,后者对三氯化铁实验呈阳性,试解释,并写出反应方程式。

(4) 为什么控制反应温度在 70 ℃左右?

实验三十九　肉桂酸的制备

一、实验目的

(1) 掌握 Perkin 反应及其基本操作。

(2) 掌握水蒸气蒸馏的原理、用途和操作。

(3) 熟悉固体有机化合物的提纯方法:脱色、重结晶。

二、实验原理

芳香醛与酸酐在碱性催化剂存在的条件下加热,可发生类似羟醛缩合的反应,生成 α, β-不饱和酸,该反应称为 Perkin 反应。该反应可用于制备肉桂酸,反应式如下:

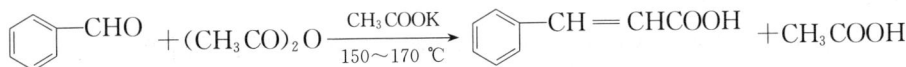

该反应中,醋酸钾是作为碱性催化剂,促进醋酸酐烯醇化,生成碳负离子。醋酸酐碳负离子再与苯甲醛发生亲核取代、β-消除、酸化后,最终生成肉桂酸。

三、仪器与试剂

(1) 仪器:三口烧瓶(50 mL、100 mL)、圆底烧瓶、空气冷凝管、温度计(250 ℃)、支管烧瓶(500 mL)、量筒、75°弯管、直形冷凝管、接引管、锥形瓶、烧杯(200 mL)、电热套、铁架台、升降台、布氏漏斗、抽滤瓶等。

（2）试剂：苯甲醛、无水醋酸钾、饱和碳酸钠溶液、醋酸酐、浓盐酸、活性炭。

四、实验装置图

实验装置如图 5-8 所示。

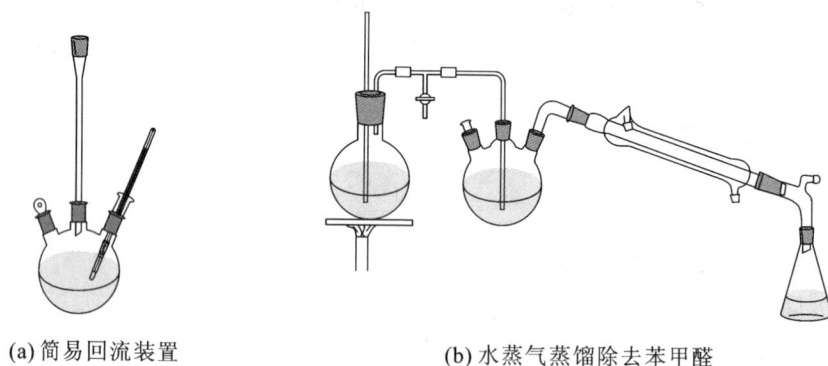

(a)简易回流装置　　　　　　　　　(b)水蒸气蒸馏除去苯甲醛

图 5-8　肉桂酸的合成及提纯装置

五、实验步骤

（1）在干燥的 50 mL 三口烧瓶中加入 1.5 g 研细的无水醋酸钾、1.5 mL(1.56 g, 0.0147 mol)新蒸馏的苯甲醛、2.75 mL(2.97 g, 0.0291 mol)醋酸酐,振荡使其混合均匀。三口烧瓶侧口接上温度计,中间口装上空气冷凝管,另一口用塞子塞上。在电热套上加热回流 30 min,反应液的温度始终保持在 150~170 ℃。

（2）趁热往 50 mL 三口烧瓶中加入热水,充分摇动,将混合物倒入 100 mL 三口烧瓶中,分三次一共用 20 mL 热水。一边充分摇动三口烧瓶,一边慢慢地加入饱和碳酸钠溶液,直到反应混合物呈弱碱性。按图 5-8(b)搭好水蒸气蒸馏装置,用支管烧瓶作为水蒸气发生器,用电热套加热,进行水蒸气蒸馏。在保证液体不冲出三口烧瓶的情况下,尽可能地使蒸汽快速产生,一直蒸馏到馏出液中无油珠为止。馏出液须倒入指定的回收瓶内。

（3）剩余液体中加入少许活性炭,加热沸腾 5 min。然后趁热过滤,将滤液小心地用浓盐酸进行酸化至明显的酸性(大约用 12.5 mL 浓盐酸)。冷却至肉桂酸充分结晶,抽滤。晶体用少量冷水洗涤,挤压去水分,在 100 ℃下干燥。产物可在水中或 30％乙醇中进行重结晶。

产量为 1~1.3 g。

该实验约需 6 h。

六、注意事项

(1) Perkin 反应要在无水条件下进行,因此所用仪器必须彻底干燥(包括称取苯甲醛和醋酸酐的量筒)。

(2) 可以用无水碳酸钾和无水醋酸钾作为缩合剂,但是不能用无水碳酸钠。

(3) 回流时小火加热,否则会把醋酸酐蒸出。为了节省时间,可以在回流结束之前的 30 min 开始加热支管烧瓶使水沸腾,较快进行水蒸气蒸馏操作。

(4) 进行脱色操作时一定取下烧瓶,稍冷之后再加入活性炭。

(5) 热过滤时,布氏漏斗要事先在沸水中预热,取出过滤时动作要快。

(6) 进行酸化时要慢慢加入浓盐酸,一定不要加入太快,以免产品冲出烧杯造成产品损失。

(7) 肉桂酸要结晶彻底,进行冷过滤;不能用太多水洗涤产品。

七、思考题

(1) 具有何种结构的醛能进行 Perkin 反应?

(2) 为什么不能用氢氧化钠代替碳酸钠溶液来中和水溶液?

(3) 用水蒸气蒸馏除去什么? 能不能不用水蒸气蒸馏?

(4) 什么情况下需要采用水蒸气蒸馏?

实验四十　邻氨基苯甲酸的制备

一、实验目的

(1) 理解 Hofmann(霍夫曼)酰胺降级反应的原理和方法。

(2) 通过控制碱量、温度等条件控制反应,从而了解碱量、温度对该反应的影响。

(3) 通过控制酸量分离邻氨基苯甲酸来理解等电点分离技术。

二、反应原理

酰胺与氯和溴在碱性溶液中反应,生成少一个碳原子的伯胺,称为 Hofmann 重排。这是由酰胺制备少一个碳原子伯胺的重要方法。本实验使用邻苯二甲酰亚胺制备邻氨基苯甲酸,反应分为两步。

(1) 打开内酰胺键:

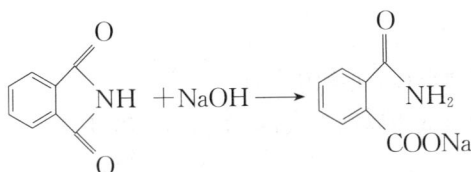

（2）Hofmann 重排反应：

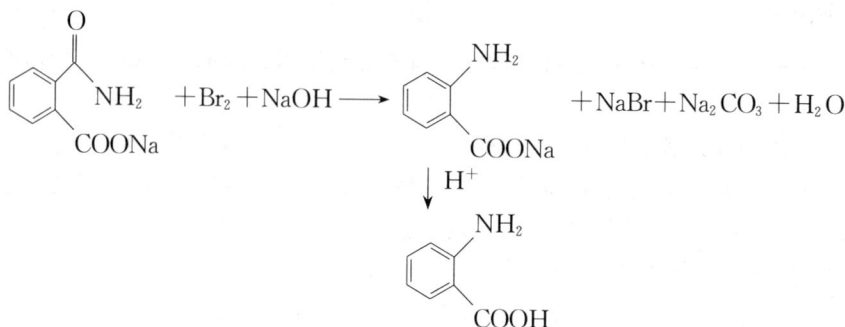

三、实验仪器及药品

（1）仪器：锥形瓶（50 mL）、烧杯（250 mL）、抽滤瓶、水浴锅、布氏漏斗。

（2）药品：邻苯二甲酰亚胺、溴、氢氧化钠、浓盐酸、冰醋酸、饱和亚硫酸氢钠溶液、pH 试纸、活性炭。

四、操作步骤

（1）在 50 mL 锥形瓶中，溶解 2.7 g 氢氧化钠于 10 mL 水中，置于冰盐浴中冷却备用。在另一个 50 mL 锥形瓶中，溶解 3.8 g 氢氧化钠于 15 mL 水中，置于冰盐浴中冷至 0～5 ℃，一次性加入 1.1 mL 溴，摇荡锥形瓶，使溴全部作用，制成次溴酸钠溶液，置于冰盐浴中，使温度保持 0 ℃ 以下，慢慢加入 3 g 粉末状邻苯二甲酰亚胺，加完后再迅速加入预先配制好并冷却至 0 ℃ 的氢氧化钠溶液。混合均匀后将锥形瓶从冰盐浴中取出后在室温下搅拌，液温自动上升，在 15～20 min 内逐渐升温到 20～25 ℃（必要时加以冷却，尤其在 18 ℃ 左右往往有温度的突变，须加以注意），在该温度保持 10 min，再使其在 25～30 ℃ 反应 0.5 h，此时邻苯二甲酰亚胺一般可以完全溶解。在整个反应过程中要不断搅拌，使反应物充分混合。

（2）然后在水浴上加热至 70 ℃，维持 2 min。加入 1 mL 饱和亚硫酸氢钠溶液，搅拌，冷却后抽滤。将滤液转入 250 mL 烧杯，置于冰浴中冷却。在搅拌下慢慢加入浓盐酸使溶液恰呈中性[1]（用试纸检验，约需 7.5 mL），然后再慢慢加入约 3 mL 冰醋酸[2]，使邻氨基苯甲酸完全析出。抽滤，用少量冷水洗涤，晾干。

（3）粗产物用热水重结晶，并加入少量活性炭脱色，干燥后可得白色片状晶体（约 1.5 g），熔点为 144～145 ℃。

五、注意事项

（1）该反应为强放热反应，注意需冷却。

（2）溴和次溴酸钠溶液为腐蚀性液体，注意不要溅到身上。

六、思考题

(1) 本实验中,溴和氢氧化钠的量不足或有较大过量有什么不好?

(2) 邻氨基苯甲酸的碱性溶液,加浓盐酸使之恰呈中性后,为什么不再加浓盐酸而是加适量冰醋酸使邻氨基苯甲酸完全析出?

七、注释

[1] 邻氨基苯甲酸既能溶于碱,又能溶于酸,故过量的浓盐酸会使产物溶解。若加入了过量的浓盐酸,需再用氢氧化钠溶液中和。

[2] 邻氨基苯甲酸的等电点 pI=3～4,为使产物完全析出,故需加入适量的醋酸。

实验四十一　乙酸乙酯的制备

一、实验目的

(1) 掌握酯化原理和乙酸乙酯的制备方法。

(2) 掌握蒸馏、分馏、回流、分液等操作技术。

二、实验原理

羧酸和醇在少量酸性催化剂的催化下,发生酯化反应生成酯。酯化反应是可逆反应,为了促进酯化反应的进行,可以使用过量的酸或者醇,也可以把生成的酯或者水及时蒸出,或者二者兼用。在乙酸乙酯的制备中,通常加入过量的乙醇,并将反应中生成的乙酸乙酯及时地蒸出。

主反应:

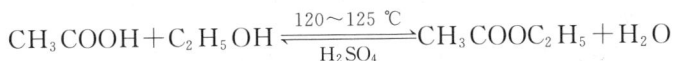

$$CH_3COOH + C_2H_5OH \underset{H_2SO_4}{\overset{120 \sim 125\ ℃}{\rightleftharpoons}} CH_3COOC_2H_5 + H_2O$$

副反应:

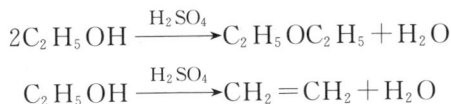

$$2C_2H_5OH \xrightarrow{H_2SO_4} C_2H_5OC_2H_5 + H_2O$$

$$C_2H_5OH \xrightarrow{H_2SO_4} CH_2=CH_2 + H_2O$$

三、仪器与试剂

(1) 仪器:三口烧瓶(50 mL)、圆底烧瓶、恒压滴液漏斗、温度计、分馏柱、水浴锅、蒸馏头、直形冷凝管、锥形瓶、分液漏斗、接引管、带电磁搅拌的电热套等。

(2) 试剂:冰醋酸、95%乙醇、无水乙醇、浓硫酸、饱和碳酸钠溶液、无水硫酸镁、石蕊试纸、pH 试纸、饱和氯化钙溶液、饱和氯化钠溶液。

四、实验装置

实验装置如图 5-9 所示。

五、实验步骤

方法一

（1）用量杯取 1.5 mL 冰醋酸倒入 50 mL 三口烧瓶中，一边摇动，一边慢慢地加入 1.5 mL 浓硫酸。配制 7.8 mL 乙醇和 7.2 mL 冰醋酸的混合液，倒入恒压滴液漏斗中。将其固定在三口烧瓶的一侧口，另一侧口固定温度计，中口装配分馏柱、蒸馏头、温度计及直形冷凝管。冷凝管末端连接接引管及锥形瓶，锥形瓶用冰水浴冷却。

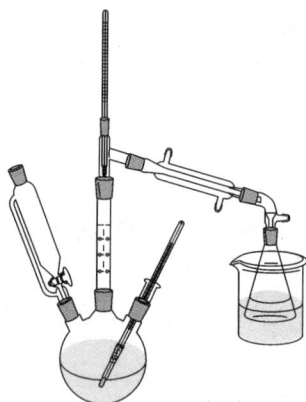

图 5-9　乙酸乙酯的制备及提纯装置

（2）用电热套加热，保持反应混合物的温度在 120 ℃左右。然后把恒压滴液漏斗中的乙醇和冰醋酸的混合液慢慢滴入三口烧瓶中。调节加料的速度，使其和液体蒸出的速度大致相等，加料时间约 45 min。保持反应混合物的温度为 120～125 ℃。滴加完毕后，继续加热5 min，直到不再有液体馏出来为止。

（3）反应完毕后，将饱和碳酸钠溶液很缓慢地加入馏出液中，直到无二氧化碳气体逸出为止。饱和碳酸钠溶液要少量分批地加入，并要不断地摇动接收器（为什么？）。把混合液倒入分液漏斗中，静置，放出下面的水层。用湿润的石蕊试纸检验酯层，如果酯层仍显酸性，再用饱和碳酸钠溶液洗涤，直到酯层不显酸性为止。用等体积的饱和氯化钠溶液洗涤（为什么？），放出下层的废液。从分液漏斗上口将乙酸乙酯倒入干燥的小锥形瓶内，加入无水硫酸镁干燥。放置约 15 min，在此期间要间歇地振荡锥形瓶。

（4）把干燥的粗乙酸乙酯滤入 50 mL 圆底烧瓶中。加入沸石后，装配蒸馏装置，在电热套上加热蒸馏，收集 74～80 ℃的馏分。

纯乙酸乙酯是具有果香味的无色液体，沸点为 77.06 ℃，$d_4^{20}=0.9003$。

方法二

1. 粗产物的制备

（1）在 50 mL 圆底烧瓶中加入 7.2 mL（0.125 mol）冰醋酸和 11.5 mL（0.19 mol）95%乙醇，在摇动下慢慢滴加入 4.0 mL 浓硫酸，混合均匀后，加入几粒沸石，装上回流冷凝管，固定在垫有石棉网的铁架台上，小火加热，保持瓶内液体缓慢回流 40 min 左右（此时瓶内反应温度在 110 ℃左右）。

（2）稍冷后，改为蒸馏装置，接收瓶用冷水冷却，在水浴中加热蒸馏，直至在沸水上不再有馏出物为止，馏出液体积约为反应物总体积的 1/2。得粗乙酸乙酯液体。

2. 分离提纯

(1) 在摇动下慢慢向粗产品中加入饱和碳酸钠溶液,直至不再有二氧化碳气体逸出,有机相对 pH 试纸呈中性为止。

(2) 将混合液体转入分液漏斗中,振荡后静置 5～10 min,分去下层水溶液,有机层用 5 mL 饱和氯化钠溶液洗涤,再用 5 mL 饱和氯化钙溶液洗涤,最后用水洗一次,分去下层液体,有机层从分液漏斗上口倒入干燥的锥形瓶中,用无水硫酸镁干燥。

(3) 将干燥后的有机物粗产品滤入 50 mL 蒸馏瓶中,在水浴上进行蒸馏,收集 73～78 ℃的馏分,产量为 4～5 g。

(4) 用折光仪检测产品的折射率。

纯乙酸乙酯为无色而有果香味的液体。沸点为 77.06 ℃,折射率 $n_D^{20} = 1.3727$。

本实验约需 6 h。

表 5-2 列出了乙醇、醋酸和乙酸乙酯的相关物理性质。

表 5-2　乙醇、醋酸和乙酸乙酯的相关物理性质(常温常压)

	密度/(g/mL)	熔点/ ℃	沸点/ ℃	水溶性
乙醇	0.7893	−114	78.5	溶
醋酸	1.0492	16.2	117.9	溶
乙酸乙酯	0.9003	84	77.06	不溶

六、注意事项

(1) 可以在石棉网上加热,保持反应混合物的温度为 120～125 ℃。

(2) 可用无水碳酸钾作干燥剂。

(3) 乙酸乙酯与水形成沸点为 70.4 ℃的二元共沸混合物(含水 8.1%),乙酸乙酯、乙醇与水形成沸点为 70.2 ℃的三元共沸混合物(含乙醇 8.4%、水 9%)。如果在蒸馏前不把乙酸乙酯中的乙醇和水除尽,就会有较多的前馏分。

(4) 碳酸钠必须洗去,否则下一步用饱和氯化钙溶液洗去醇时,会产生絮状碳酸钙沉淀,造成分离困难。

七、思考题

(1) 在本实验中硫酸起什么作用?

(2) 蒸出的粗乙酸乙酯中主要有哪些杂质?

(3) 为什么用饱和碳酸钠溶液洗涤时要少量分批加入?能否用浓氢氧化钠溶液代替饱和碳酸钠溶液来洗涤蒸馏液?

(4) 为什么要用饱和氯化钠溶液洗涤?是否可用水代替?

实验四十二　乙酰乙酸乙酯的制备

一、实验目的

（1）了解酯缩合反应制备乙酰乙酸乙酯的基本原理和方法。

（2）学习无水操作技术与减压蒸馏技术。

二、实验原理

反应通常以金属钠和酯作为原料，以过量的酯作为溶剂，利用酯中含有的微量的醇与金属钠反应生成醇钠来进行反应。由于酯缩合反应会生成醇，因此反应能不断地进行下去，直到金属钠耗尽为止。

$$2CH_3COOC_2H_5 \xrightarrow{CH_3CONa} CH_3COCH_2COOC_2H_5 + C_2H_5OH$$

作为原料的酯中的醇含量不能过高，否则会影响收率，一般要求酯中的含醇量不超过 3%。

三、仪器与试剂

（1）仪器：电子天平、电热套、圆底烧瓶、冷凝管、干燥管、分液漏斗、水浴锅、减压蒸馏装置。

（2）试剂：钠、二甲苯、乙酸乙酯、无水氯化钙、50%醋酸溶液、饱和氯化钠溶液、苯、无水硫酸钠。

四、实验步骤

（1）在 50 mL 圆底烧瓶内放入 1 g(0.04 mol)光亮的金属钠和 5 mL 干燥的二甲苯，装上回流冷凝管，加热至钠熔融成白色小球。停止加热，稍冷后取下烧瓶，用橡皮塞塞紧瓶口，包在干毛巾中用力振荡 3～5 次，使钠分散为小而均匀的钠珠。待二甲苯冷却至室温后，倾出二甲苯，得到已固化的新鲜钠珠。

（2）在新制的钠珠中加入 10 mL(0.1 mol)精制过的乙酸乙酯，迅速装上带有无水氯化钙干燥管的回流冷凝管，用小火加热使反应体系保持微沸状态，直到钠珠全部反应完毕(约 1.5 h)，得到红棕色透明溶液，生成的乙酰乙酸乙酯钠盐有时以黄色沉淀的形式从溶液里析出。

（3）反应液稍微冷却后，一边振荡，一边加入 50%醋酸溶液至体系呈弱酸性(pH＝5～6)。将反应液转移至分液漏斗中，加入等体积饱和氯化钠溶液，用力振荡后静置分层，分出有机相，水相加入 8 mL 苯萃取，萃取液与酯层合并，用无水硫酸钠干燥。干燥后的有机相转移至蒸馏烧瓶中，水浴蒸出苯和未反应的乙酸乙酯，剩余液体倒入克氏烧瓶进行减压蒸馏,收集 54～55 ℃(931 Pa)或 66～68 ℃(1.6 kPa)馏分。

五、注意事项

(1) 制备钠珠时要佩戴护目镜! 振荡时最好离开桌面,将圆底烧瓶置于胸口之下,用力快速振荡使钠珠尽可能细小,增大比表面积,有利于反应进行。

(2) 乙酸乙酯的精制:在分液漏斗中将市售乙酸乙酯与等体积饱和氯化钙溶液混合并剧烈振荡,洗去其中的部分乙醇。经洗涤 2～3 次后,酯层用无水碳酸钾进行干燥,最后蒸馏收集 76～78 ℃馏分,这样得到的乙酸乙酯即能符合含醇量 1%～3% 的要求。如果是分析纯的乙酸乙酯,则可直接使用。

(3) 反应温度不宜过高,在加热促进反应开始后即可移去热源,如反应过于剧烈,可用冷水稍加冷却。

(4) 反应后如有少量钠没有反应完全,可以在加入醋酸之前滴加少量乙醇将其反应完。

(5) 要注意避免加入过量的醋酸,否则会增加酯在水层中的溶解度,从而影响产率。此外,酸度过高也容易引起副反应,生成去水乙酸,影响收率。

(6) 乙酰乙酸乙酯在常压下蒸馏至沸点时容易分解形成去水乙酸,影响产率,故蒸馏乙酰乙酸乙酯时必须采用减压蒸馏。

六、思考题

(1) 如本实验所用仪器未经干燥处理,对实验有何影响?
(2) 加入 50%醋酸溶液以及饱和氯化钠溶液的目的是什么?
(3) 取 2～3 滴产品溶于 2 mL 水中,加入 1 滴 1%三氯化铁溶液,会发生什么现象? 如何解释?

实验四十三 呋喃甲醇和呋喃甲酸的制备

一、实验目的

(1) 了解 Cannizzaro 反应的基本原理。
(2) 学习利用相似相溶原理分离提纯化合物的方法。

二、实验原理

不含 α-H 的醛在强碱条件下会发生歧化反应,生成一分子醇和一分子羧酸盐,这类反应通称为 Cannizzaro 反应。本实验以 α-呋喃甲醛为原料,通过 Cannizzaro 反应合成 α-呋喃甲醇和 α-呋喃甲酸。反应式如下:

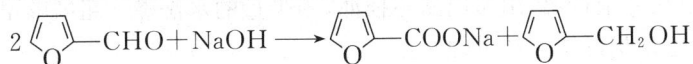

$$2 \fbox{O}\text{—CHO} + NaOH \longrightarrow \fbox{O}\text{—COONa} + \fbox{O}\text{—CH}_2\text{OH}$$

$$\text{（furyl）—COONa} + \text{HCl} \longrightarrow \text{（furyl）—COOH} + \text{NaCl}$$

三、仪器与试剂

（1）仪器：玻璃棒、烧杯、分液漏斗、圆底烧瓶、温度计、蒸馏头、锥形瓶、直形冷凝管、接引管、布氏漏斗、抽滤瓶、循环水真空泵、电热套等。

（2）试剂：呋喃甲醛、氢氧化钠、甲基叔丁基醚、浓盐酸、无水硫酸镁、刚果红试纸。

四、实验装置图

实验装置如图 5-10 所示。

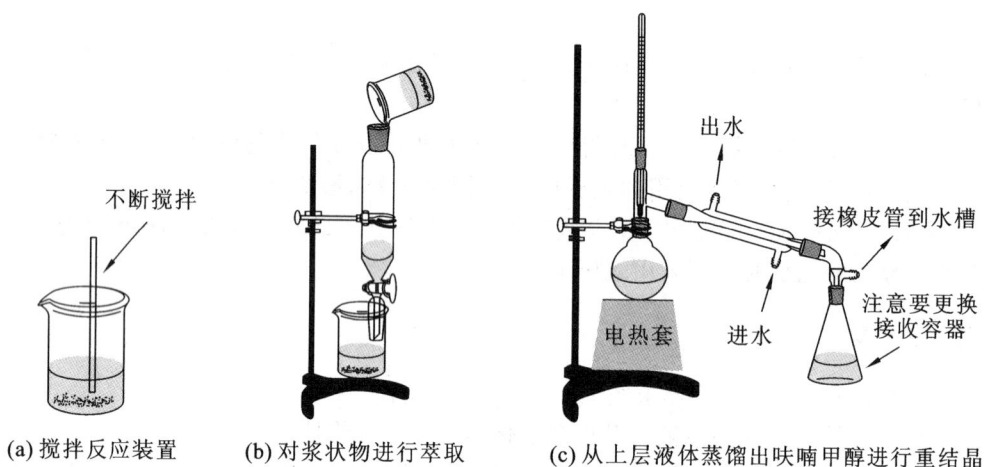

(a) 搅拌反应装置　　　(b) 对浆状物进行萃取　　　(c) 从上层液体蒸馏出呋喃甲醇进行重结晶

图 5-10　呋喃甲醇与呋喃甲酸制备及分离装置

五、实验步骤

（1）在 100 mL 烧杯中，加入 3.6 g(0.09 mol)氢氧化钠和 7.2 mL 水配制成溶液。将烧杯固定于冰水浴中。使溶液温度下降到 5 ℃左右，然后从分液漏斗滴入 8.3 mL(0.1 mol)呋喃甲醛，边滴加边用玻璃棒搅拌，控制滴加速度(15 min 加完)，使反应温度保持在 8～15 ℃之间，加完后继续搅拌 15 min，在反应过程中析出黄色浆状物。

（2）在搅拌下加适量的水，使浆状物恰好完全溶解，此时溶液呈暗褐色，用甲基叔丁基醚萃取 4 次，每次用 7 mL 甲基叔丁基醚。合并萃取的上层液于锥形瓶中，用无水硫酸镁干燥。用 50 mL 圆底烧瓶在电热套上蒸出甲基叔丁基醚，然后蒸馏呋喃甲醇，收集 169～172 ℃的馏分。产量约 3.3 g。

（3）将甲基叔丁基醚萃取过的水溶液用浓盐酸酸化，直到能使刚果红试纸变蓝，冷却使呋喃甲酸完全析出，用布氏漏斗抽滤，用少量的水洗涤。粗呋喃甲酸用水进行重结晶，得白色针状晶体。产量约 3 g。

纯呋喃甲酸的熔点为 133 ℃。

六、注意事项

(1) 反应温度应控制在 8～15 ℃。反应温度低于 8 ℃时,反应太慢;若高于 15 ℃,则反应温度极易上升而难以控制,反应物会变成深红色。

(2) 纯呋喃甲醛为无色或浅黄色液体,但是长期储存易变成棕褐色。使用前需要蒸馏,收集 155～162 ℃的馏分。最好用减压蒸馏收集 54～55 ℃(1333 Pa)馏分。

(3) 酸的量一定要加足,pH 2～3 时呋喃甲酸充分游离出来。

(4) 这个反应是在两相间进行的,欲使反应正常进行,必须充分搅拌。

(5) 呋喃甲酸重结晶时,不要长时间加热回流,否则部分呋喃甲酸分解,出现焦油状物。

(6) 歧化反应速率是由产生氢负离子这一步的速率决定的,适当提高碱的浓度可以加速歧化反应,但碱的浓度升高则黏稠度增大,使搅拌变得困难,此时会使氢氧化钠局部过多,反应剧烈,温度上升,这种反应过热会引起树脂状物的生成。因此本实验采用将呋喃甲醛滴加到氢氧化钠溶液中的方法进行反应,这样反应过程较易控制。

七、思考题

(1) 根据什么原理来分离提纯呋喃甲醇和呋喃甲酸?

(2) 在反应过程中析出的黄色浆状物是什么?

(3) 除了用刚果红试纸来判断酸化终点外,还可以用什么方法来判断?如酸性过强,会引发什么副反应?

5.5 含氮有机化合物的制备

实验四十四 乙酰苯胺的制备

一、实验目的

(1) 掌握苯胺乙酰化反应的原理和实验操作。

(2) 进一步熟悉和巩固重结晶提纯固体有机物的方法。

二、实验原理

胺的酰化在有机合成中有着重要的作用。作为一种保护措施,一级和二级芳香胺在合成中通常被转化为它们的乙酰基衍生物以降低胺对氧化降解的敏感性,使其不被反应试剂破坏;同时,氨基酰化降低了氨基在亲电取代反应(特别是卤化)中的活化能力,使其由很强的第Ⅰ类定位基变为中等强度的第Ⅰ类定位基,使反应由多元取代变为更有用的一元取代,而且由于乙酰基的空间位阻较大,取代反应往往选择性地生成对位取代物。

芳香胺可用酰氯、酸酐或与冰醋酸加热来进行酰化。冰醋酸试剂易得,价格便宜,但需要较长的反应时间,通常适合于规模较大的制备。一般来说,酸酐是比酰氯更好的酰化试剂,但用游离胺与纯醋酸酐进行酰化时,常伴有二乙酰胺($ArN(COCH_3)_2$)副产物的生成。而如果在醋酸-醋酸钠的缓冲溶液中进行酰化,由于酸酐的水解速度比酰化速度慢得多,可以得到高纯度的产物。但这一方法不适合于硝基苯和其他碱性很弱的芳香胺的酰化。本实验以冰醋酸为酰化剂来制备乙酰苯胺。反应式如下:

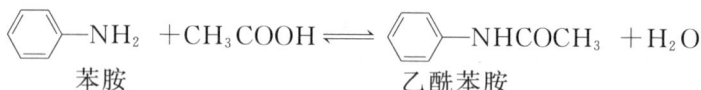

$$\text{苯胺} \quad \text{乙酰苯胺}$$

三、仪器与试剂

(1) 仪器:圆底烧瓶、锥形瓶(100 mL)、刺形分馏柱、蒸馏头、温度计、温度计套管、接引管、量筒、烧杯、布氏漏斗、抽滤瓶、热水漏斗、表面皿、烘箱。

(2) 试剂:苯胺、冰醋酸、锌粉、活性炭。

四、实验步骤

(1) 在 50 mL 圆底烧瓶中加入 10 mL(0.05 mol)新蒸馏的苯胺、15 mL(0.1 mol)冰醋酸及少许(约 0.1 g)锌粉。依次安装刺形分馏柱、蒸馏头、温度计、接引管,接引管伸入 10 mL 小量筒内,收集蒸出的水和醋酸。将溶液缓慢加热,使反应物保持微沸约 15 min。然后逐渐升高温度,保持温度计读数在 105 ℃左右,约经过 45 min,反应生成的水及部分醋酸可蒸出(约 4 mL)。当温度计的读数下降时,反应即达终点,停止加热。

(2) 在不断搅拌下,将反应物趁热慢慢倒入盛有 100 mL 冷水的烧杯中,继续搅拌,充分冷却,使粗乙酰苯胺呈细粒状完全析出。抽滤,用 5~10 mL 冷水洗涤粗产品。将粗产品转移到盛有 150 mL 热水的烧杯中,加热至沸。如果仍有未溶解的油珠,需补加热水,直到油珠溶解完全,再多加 20%的热水。稍冷,加入 0.2 g 活性炭,煮沸几分钟,趁热用热水漏斗过滤,冷却滤液,待析出晶体后,抽滤,将产品转移至一个预先称重的表面皿中,晾干或置于烘箱中在 100 ℃以上烘干,称重。

纯乙酰苯胺的熔点为 114 ℃。

五、注意事项

(1) 加锌粉的目的是防止苯胺在反应中被氧化。

（2）100 ℃时 100 mL 水溶解乙酰苯胺 5.55 g；80 ℃时，溶解 3.45 g；50 ℃，溶解 0.46 g。

（3）若滤液有颜色，则加入活性炭 1～2 g，在搅拌下，慢慢加热煮沸趁热过滤，滤渣用 50 mL 热水冲洗，洗液并入滤液中，冷却，使乙酰苯胺重新结晶析出。注意：不要将活性炭加入沸腾的滤液中。否则，沸腾的滤液会溢至容器外。

（4）停止抽滤前，应先将抽滤瓶上的橡皮管拨去，以防水泵的水发生倒吸。

六、思考题

（1）假设用 8 mL 苯胺和 9 mL 醋酸酐制备乙酰苯胺，哪种试剂是过量的？乙酰苯胺的理想产率是多少？

（2）反应时为什么要控制冷凝管上端的温度在 105 ℃？

（3）用苯胺作原料进行苯环上的一些取代反应时，为什么常常先要进行酰化？

实验四十五　间硝基苯胺的制备

一、实验目的

（1）了解采用硫氢化钠还原法制备间硝基苯胺的原理及方法。

（2）进一步练习过滤、回流、蒸馏、重结晶等基本操作。

二、实验原理

芳香族硝基化合物还原是制备芳香胺的主要方法。工业上最实用、最经济、对环境影响最小的方法是催化氢化。实验室少量制备常用的方法是在酸性溶液中用金属或金属盐进行还原。

间硝基苯如采用强还原剂进行还原，则两个硝基均被还原，生成间苯二胺；如采用温和的还原剂如硫化氢、硫氢化钠或多硫化钠（如 NaS_3）等，可部分还原，生成间硝基苯胺。还原时应仔细控制还原剂的用量，以免发生进一步的还原。多硝基化合物还原时，若用硫化铵、硫氢化铵以及碱金属的硫化物或多硫化物为还原剂，可选择性地把其中一个硝基还原为氨基，其他硝基则保持不变。

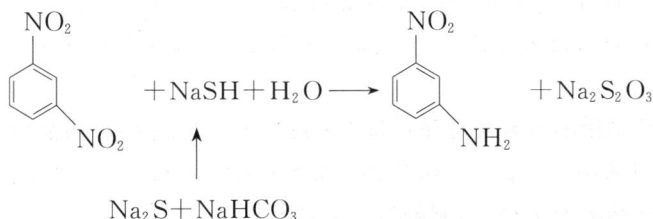

$$+\text{NaSH}+\text{H}_2\text{O} \longrightarrow +\text{Na}_2\text{S}_2\text{O}_3$$

$$\text{Na}_2\text{S}+\text{NaHCO}_3$$

也可用铜粉在氢溴酸存在下实现部分还原。

$$\text{(间二硝基苯)} + 6Cu + 6HBr \longrightarrow \text{(间硝基苯胺)} + 3Cu_2Br_2 \downarrow + 2H_2O$$

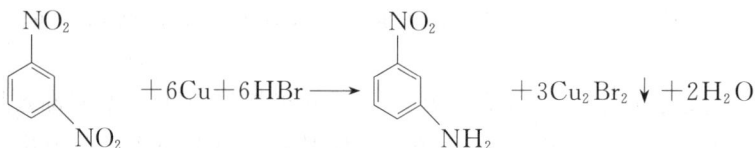

三、仪器与试剂

(1) 仪器:锥形瓶、直形冷凝管、圆底烧瓶、布氏漏斗、减压装置、量筒、滤纸、烧杯、玻璃棒、表面皿、抽滤瓶、短颈漏斗、温度计、酒精灯、石棉网。

(2) 试剂:间二硝基苯、九水硫化钠、碳酸氢钠、甲醇、乙醇、活性炭。

四、实验步骤

1. 硫氢化钠溶液的制备

在 125 mL 圆底烧瓶中加入 6 g 九水硫化钠($Na_2S \cdot 9H_2O$)和 12 mL 水,配制成溶液。在充分搅拌下,向溶液中分批加入 2.1 g 粉状碳酸氢钠。待碳酸氢钠完全溶解后,在搅拌下,慢慢加入 15 mL 甲醇,并将烧杯置于冰水浴中冷却至 20 ℃ 以下,立即析出水合碳酸钠的沉淀。静置 15 min 后,减压过滤出碳酸钠结晶(保留滤饼和滤液),每次用 3 mL 甲醇洗涤滤饼,共洗涤 3 次,合并滤饼和洗涤液备用。

2. 间硝基苯胺的制备

在 125 mL 圆底烧瓶中加入 2.5 g 间二硝基苯和 20 mL 热甲醇,装上冷凝管。摇振后,从冷凝管顶端加入上述制好的硫氢化钠溶液,将反应混合物在水浴上加热回流 20 min。冷至室温后,改为蒸馏装置,在沸水浴上蒸出大部分的甲醇(需收集 30~35 mL 馏液)。将蒸出甲醇后的残液在搅拌下倾入 75 mL 冷水中,立即析出间硝基苯胺的黄色晶体。抽滤,用少量冷水洗涤结晶,干燥后粗产物约 1.5 g,熔点为 108~112 ℃。粗产物用 75% 乙醇溶液重结晶,用少量活性炭脱色,得到黄色的间硝基苯胺针状晶体(约 1 g),熔点为 113~114 ℃。

本实验约需 4 h。

五、注意事项

(1) 间硝基苯胺为有毒化学品,其毒性比苯胺大,是一种有累积效应的危险品,皮肤接触及吞食有毒,可通过皮肤和呼吸道吸收,是一种强烈的高铁血红蛋白形成剂。吸收后数小时内可出现紫绀,并有溶血作用,可发生溶血性贫血。长期大量接触可引起肝脏损害。

(2) 本实验采用的九水硫化钠($Na_2S \cdot 9H_2O$),极易潮解,药品取用后应及时封口。本实验也可采用 3.3 g 三水硫化钠($Na_2S \cdot 3H_2O$)和 3 mL 水来代替。

(3) 硫氢化钠溶液不稳定,制好后应立即使用。

(4) 硫氢化钠由硫化钠和碳酸氢钠制备,在甲醇热溶液中会出现少量粉状的碳酸钠沉淀,由于它在接下来的步骤中溶于水,故不必除去。

六、思考题

（1）反应结束后,为什么要蒸出大部分甲醇?

（2）反应中可能发生哪些副反应?

实验四十六　由环己酮合成环己酮肟

一、实验目的

（1）熟悉环己酮肟反应原理,掌握环己酮肟的制备方法。

（2）复习抽滤操作的使用。

二、实验原理

醛酮可以与含氮亲核试剂（如胺、羟胺、肼等）发生亲核取代反应。产品以晶体的形式从溶液中析出。本实验使用环己酮与羟胺反应制备环己酮肟,反应式如下：

$$\text{\Large\bigcirc}\!\!=\!\!O + NH_2OH \cdot HCl \xrightarrow{CH_3COONa} \text{\Large\bigcirc}\!\!=\!\!NOH + H_2O$$

三、仪器与试剂

（1）仪器:锥形瓶、烧杯、滴液漏斗、布氏漏斗、抽滤瓶等。

（2）试剂:环己酮、盐酸羟胺、结晶醋酸钠。

四、实验装置图

实验装置如图 5-11 所示。

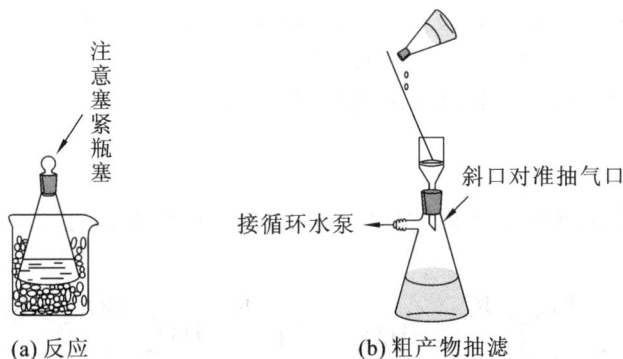

图 5-11　环己酮肟制备及提纯装置

五、实验步骤

(1) 在 50 mL 锥形瓶中,加入 25 mL 水和 3.5 g(0.05 mol)盐酸羟胺,振荡使之溶解。加入 3.9 g(0.04 mol)环己酮,振荡使溶液混合均匀。在烧杯中,把 5 g 结晶醋酸钠溶于 10 mL 水中,将此醋酸钠溶液加到上述溶液中,边加边摇动锥形瓶,即可得粉末状环己酮肟。为使反应进行得完全,用橡皮塞塞紧瓶口,用力摇荡约 5 min。把锥形瓶放入冰水浴中冷却。

(2) 粗产物在布氏漏斗上抽滤,用少量水洗涤,尽量挤出水分。取出滤饼,放在空气中晾干。

产量为 3~4 g。

纯的环己酮肟为无色棱柱晶体,熔点为 90 ℃。

本实验约需 2 h。

六、注意事项

(1) 反应前要充分摇动锥形瓶,待羟胺盐酸盐完全溶解后再加入醋酸钠溶液。

(2) 滴加醋酸钠溶液时注意速度要慢,以免反应太快,产物冲出锥形瓶。

(3) 为使反应进行得完全,用橡皮塞塞紧瓶口,用力摇荡约 5 min。

七、思考题

(1) 为什么把反应混合物先放到冰水浴中冷却后再过滤?

(2) 粗产物抽滤后,用少量水洗涤除去什么杂质? 用水量的多少对实验结果有什么影响?

实验四十七　　己内酰胺的制备

一、实验目的

(1) 掌握通过 Beckmann 反应制备己内酰胺的原理及方法。

(2) 掌握环己酮肟 Beckmann 重排的历程。

(3) 熟悉低温操作、萃取、减压蒸馏等基本操作。

二、实验原理

肟在酸作用下,发生分子内重排生成酰胺的反应称为 Beckmann 重排。其反应历程如下:

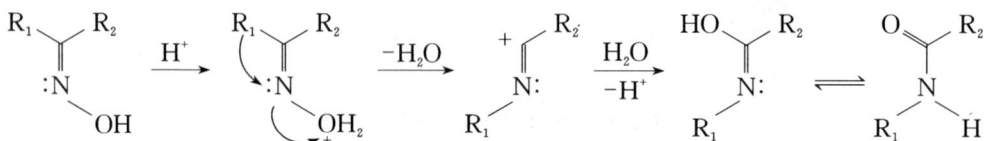

本实验中,环己酮肟在硫酸作用下发生 Beckmann 重排生成己内酰胺,反应式如下:

$$\text{⬡=NOH} \xrightarrow{H_2SO_4} \text{⬡-NH=O}$$

三、仪器与试剂

(1) 仪器:烧杯、三口烧瓶、机械搅拌器、恒压滴液漏斗、温度计、玻璃棒、分液漏斗、圆底烧瓶、克氏蒸馏头、球形冷凝管、水泵、油泵、减压蒸馏装置等。

(2) 试剂:环己酮肟、85％硫酸溶液、20％氨水、二氯甲烷、无水硫酸镁。

四、实验步骤

(1) 在 100 mL 烧杯中加入 1.0 g 环己酮肟和 2.0 mL 85％硫酸溶液,用玻璃棒搅拌,使之充分混合。在石棉网上小火加热烧杯,当出现气泡(约 120 ℃)时立即停止加热,此时发生强烈的放热反应,几秒后反应完成,得到棕色液体。

(2) 将上一步得到的液体冷却后倒入 100 mL 三口烧瓶中,装好机械搅拌器、恒压滴液漏斗和温度计。将三口烧瓶置于冰水浴中,待反应温度下降到 0～5 ℃后,从恒压滴液漏斗缓慢滴加 12 mL 20％氨水,直至溶液呈弱碱性。将反应液转移至分液漏斗中,用 5 mL 水洗涤三口烧瓶,洗液并入产物中。分出有机层,水层用 10 mL 二氯甲烷分 2 次萃取,萃取液与有机层合并,并用等体积水洗涤 2 次,分出水层,有机层用无水硫酸镁干燥。

(3) 将干燥后的有机层转移至圆底烧瓶中,水浴加热蒸出二氯甲烷,剩余液体转移至另一圆底烧瓶中,按图 3-7 搭好减压蒸馏装置,先用水泵减压蒸馏除去剩余的二氯甲烷,再用油泵减压蒸馏,收集 137～140 ℃(1.6 kPa)馏分,产物为白色小叶状晶体,熔点为 69～71 ℃。

五、注意事项

(1) 由于 Beckmann 反应放热剧烈,因此使用烧杯进行反应以便散热,加热和搅拌也要小心进行。

(2) 加氨水时要缓慢滴加,保持反应温度在 10 ℃以下,以免在较高温度下己内酰胺发生水解。

(3) 氨水中和后常有白色硫酸铵固体析出,加水洗涤可将其溶解。

(4) 可用氯仿代替二氯甲烷进行萃取。

(5) 为防止己内酰胺在冷凝管内直接凝结,可将接引管与克氏蒸馏头支管直接连接,省去冷凝管。

六、思考题

(1) 加入氨水的目的是什么? 为什么要把反应液冷却到 0～5 ℃后再滴加氨水?

(2) 为什么要用二氯甲烷萃取反应液?

实验四十八　甲基橙的制备

一、实验目的

（1）学习重氮盐的制备技术，掌握重氮盐偶联反应条件。

（2）进一步练习、巩固过滤、洗涤和重结晶等基本操作。

二、实验原理

甲基橙是一种偶氮化合物，由对氨基苯磺酸发生重氮化反应生成的重氮盐与 N，N-二甲基苯胺的醋酸盐在弱酸性介质中偶合得到。偶合首先得到的是嫩红色的酸式甲基橙，称为酸性黄，在碱中酸性黄变为橙黄色的钠盐，即为甲基橙。

主反应：

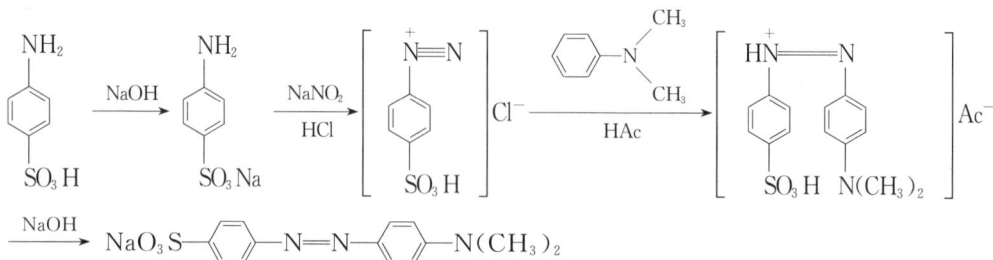

三、仪器与试剂

（1）仪器：电热套、烧杯、锥形瓶、温度计、抽滤瓶、布氏漏斗、水浴锅。

（2）试剂：对氨基苯磺酸晶体、N，N-二甲基苯胺、亚硝酸钠、氢氧化钠、5％氢氧化钠溶液、10％氢氧化钠溶液、浓盐酸、冰醋酸、乙醚、乙醇、淀粉-碘化钾试纸。

四、实验步骤

1. 重氮盐的制备

在 100 mL 烧杯中加入 2.1 g(11 mmol)对氨基苯磺酸晶体和 10 mL 5％氢氧化钠溶液，在热水浴中温热使之溶解。冷至室温后，加入 0.8 g(11 mmol)亚硝酸钠，使其溶解。在搅拌下，将上述混合溶液分批加入盛有 13 mL 冰水和 2.5 mL 浓盐酸的烧杯中，温度控制在 5 ℃以下，滴加完后用淀粉-碘化钾试纸检测。然后在冰盐水浴中放置 15 min，使重氮化反应完全。

2. 偶合反应

取一支试管，加入 1.3 mL(1.2 g，10 mmol)N,N-二甲基苯胺和 1 mL 冰醋酸，振荡使之混合。不断搅拌，缓慢加入冷却的重氮盐溶液，加完后继续搅拌 10 min，使偶合反应完全,此时有红色的酸性黄沉淀析出,反应物呈红色浆状。在冷却下搅拌,慢慢加入 15 mL 10％氢氧化钠溶液使反应物呈碱性,反应物变为橙黄色,粗制甲基橙呈细粒状沉淀析出。将反应物加热至沸腾使粗制甲基橙溶解,冷却至室温,再在冰水浴中冷却,使甲基橙全部重新析出,抽滤,依次用少量水、乙醇、乙醚洗涤,压干。

将滤饼连同滤纸转移至 75 mL 热水中,水中加有 0.1 g 氢氧化钠,缓慢加热至沸腾,不断搅拌,使滤饼全部溶解,取出滤纸,使溶液冷却至室温,再在冰水浴中冷却,待晶体完全析出时,抽滤,依次用少量乙醇、乙醚洗涤,烘干后得到橙色小叶片状甲基橙晶体,称重(约为 2.5 g)。

五、注意事项

(1) 对氨基苯磺酸为两性化合物,酸性强于碱性,它能与碱作用成盐,而不能与酸作用成盐。

(2) 若试纸不显色,需补充亚硝酸钠溶液。

(3) 重氮化过程中,应严格控制温度,反应温度若高于 5 ℃,生成的重氮盐易水解成酚,降低产率。

(4) 重结晶操作要迅速,否则因为产物呈碱性,在温度高时易变质,颜色变深,用乙醇洗涤的目的是使其迅速干燥。

六、思考题

(1) 粗甲基橙进行重结晶前,依次用水、乙醇和乙醚洗涤,目的何在?

(2) N,N-二甲基苯胺与重氮盐偶合时,为什么总是在取代氨基的对位发生?

(3) 什么叫偶合反应? 结合本实验讨论一下芳香胺与酚在重氮盐偶合反应中的反应条件有何差异。

(4) 把冷的重氮盐溶液慢慢倒入低温新制备的氯化亚铜的盐酸溶液中,将会发生什么反应? 写出产物名称。

实验四十九　8-羟基喹啉的制备

一、实验目的

(1) 了解通过 Skraup 反应制备 8-羟基喹啉的原理及方法。

(2) 进一步熟悉加热回流、水蒸气蒸馏、重结晶等基本操作。

二、实验原理

Skraup 反应是合成杂环化合物喹啉及其衍生物的重要方法。该反应是将芳香胺类化合物与无水甘油、浓硫酸和芳香硝基化合物共热得到产物喹啉类化合物,反应历程如下：

$$HOCH_2CHOHCH_2OH \xrightarrow[-2H_2O]{H_2SO_4} CH_2{=}CHCHO$$

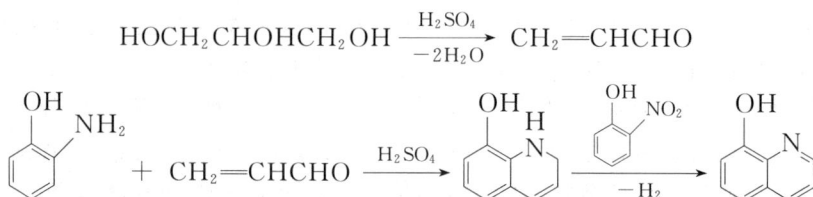

首先浓硫酸将甘油脱水生成丙烯醛,丙烯醛与芳香胺发生加成,加成产物在浓硫酸作用下脱水成环形成 1,2-二氢喹啉。最后芳香硝基化合物将 1,2-二氢喹啉氧化为喹啉,自身被还原成芳香胺并继续参与缩合反应。

Skraup 反应中所使用的芳香硝基化合物必须与所用的芳香胺结构相对应,否则会导致混合产物的出现。也可用碘作为氧化剂,可缩短反应周期而使反应平稳进行。

三、仪器与试剂

(1) 仪器:三口烧瓶(100 mL)、恒压滴液漏斗、冷凝管、水蒸气蒸馏装置、抽滤装置等。

(2) 试剂:邻硝基苯酚、邻氨基苯酚、无水甘油、浓硫酸、50％氢氧化钠溶液、饱和碳酸钠溶液。

四、实验步骤

(1) 在 100 mL 三口烧瓶中放入 1.8 g(0.013 mol)邻硝基苯酚、2.8 g(0.025 mol)邻氨基苯酚和 9.5 g(0.1 mol)无水甘油,充分混匀,然后在不断振荡下缓慢滴加 4.5 mL 浓硫酸,同时用冰水浴冷却。滴加结束后装上回流冷凝管,缓慢加热至溶液微沸后立即停止加热。反应大量放热,待反应缓和后继续加热,保持微沸回流 1 h。

(2) 待反应液冷却后,加入 15 mL 水,充分摇匀后进行水蒸气蒸馏,蒸出未反应的邻硝基苯酚,直至馏分由浅黄色变为无色为止。待三口烧瓶内残留液冷却后,缓慢滴加 7 mL 50％氢氧化钠溶液,并将烧瓶置于冰水中冷却,摇匀后,再慢慢滴加 5 mL 饱和碳酸钠溶液至混合液体呈中性。然后往混合液中加入 20 mL 水,进行第二次水蒸气蒸馏,蒸出 8-羟基喹啉,直到无有机物馏出为止。待馏出液充分冷却后,抽滤,洗涤,干燥后可得 8-羟基喹啉粗产品,产量约 3 g。

(3) 粗产物用 25 mL 乙醇-水(体积比为 4∶1)混合溶剂重结晶,得到纯的 8-羟基喹啉。干燥称重,计算产率。

纯的 8-羟基喹啉熔点为 75～76 ℃。

本实验约需 6 h。

五、注意事项

(1) 实验用的仪器必须事先干燥。

（2）甘油含水量不能太大，否则影响产率，可将甘油置于蒸发皿中，在通风橱里加热至 180 ℃，然后冷却至 100 ℃后放入盛有浓硫酸的干燥器中备用。

（3）滴加浓硫酸的速度不能太快，并注意用冷水冷却。

（4）该反应为放热反应，反应液微沸时表示反应已经开始，如继续加热容易导致反应过于激烈，使反应液冲出烧瓶。

（5）8-羟基喹啉既能溶于酸，也能溶于碱。与酸或碱反应生成盐后不能被水蒸气蒸馏出来。因此，第二次水蒸气蒸馏必须严格控制 pH 值在 7～8，才能蒸出最多的产物。产物蒸出后用 pH 试纸检查三口烧瓶内残留液的 pH 值，必要时可加少量水再蒸馏一次。

（6）8-羟基喹啉难溶于冷水，重结晶时往滤液中滴加去离子水，即有 8-羟基喹啉晶体不断析出。

六、思考题

（1）为何第一次水蒸气蒸馏在酸性条件下进行，第二次要在中性条件下进行？

（2）除重结晶外，还可以用什么方法提纯 8-羟基喹啉？

（3）如用对甲苯胺代替邻硝基苯胺进行反应，应使用哪种硝基化合物作为氧化剂？最后将得到什么产物？

实验五十　八甲基杯[4]吡咯的制备及与阴离子键合

一、实验目的

（1）学习杯[4]吡咯化合物的制备方法。

（2）通过八甲基杯[4]吡咯与阴离子的键合实验，了解超分子化学的概念。

二、实验原理

主反应：

$$4\ \text{吡咯} + 4\ CH_3COCH_3 \xrightarrow[CH_3OH]{H^+} \text{八甲基杯[4]吡咯}$$

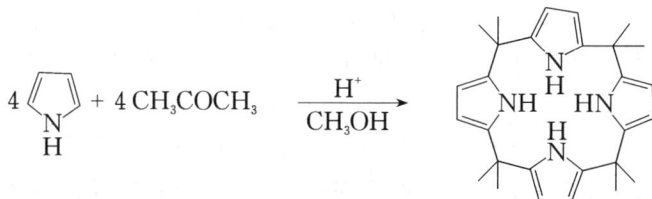

三、仪器与试剂

（1）仪器：冷凝管、分液漏斗、锥形瓶、电热套、电磁搅拌器、表面皿等。

（2）试剂：吡咯、丙酮、甲醇、二氯甲烷、浓硫酸、4-硝基苯氧化四丁基铵、氟化四丁基铵。

四、实验步骤

(1) 在 50 mL 锥形瓶中,准确加入 3.6 mL(3.53 g,0.05 mol)吡咯、3.7 mL(2.9 g,0.05 mol)丙酮和 10 mL 甲醇,放入搅拌磁子,滴加 4～5 滴浓硫酸,装上回流冷凝管,接通冷却水。将锥形瓶固定到电磁搅拌器上,开启电磁搅拌器,反应 30 min,其间有淡黄色固体析出,将锥形瓶放到冰水浴中冷却 30 min,过滤,用冰冷的甲醇洗涤滤饼 2 次,每次 10 mL,产物放到表面皿中自然干燥 10 min,称量,取样,用薄层色谱测定组分。

(2) 在 50 mL 锥形瓶中,加入干燥的粗产物 1.5 g,用丙酮作溶剂重结晶。安装回流冷凝装置,在水浴中加热,不断补充丙酮至粗产物全部溶解(约需 38 mL)。缓慢滴加 2～3 mL 水以促进沉淀生成,加热至混合液透明。取出锥形瓶,在室温下放置 10 min,再放到水浴中冷却 30 min,抽滤,用少许冰冷甲醇洗涤滤饼,干燥,得纯净的八甲基杯[4]吡咯。称量,计算重结晶操作产率,取样,用薄层色谱测定组分,测定核磁共振谱和红外光谱。产量约 4.6 g。

纯净的八甲基杯[4]吡咯为晶体,熔点为 296 ℃(分解)。

(3) 八甲基[4]吡咯与阴离子键合:在一支试管中加入 3～4 mg 纯化的八甲基杯[4]吡咯。用微量取样滴管取 10 滴 4-硝基苯氧化四丁基铵标准溶液(A),加入试管中,溶液 A 的黄色消失,说明 4-硝基苯氧阴离子与八甲基杯[4]吡咯键合。在另一支试管中重做此实验(前一支试管作为对照用),加入 10 滴氟化四丁基铵标准溶液(B)到试管中,试管中又出现黄色,说明 F⁻ 与八甲基杯[4]吡咯键合,4-硝基苯氧阴离子游离出来,呈黄色。

五、注意事项

(1) 反应需要用新蒸馏的吡咯作为原料。

(2) 反应结束后,反应液需放到冰水浴中冷却,促使沉淀完全。

(3) 洗涤时要用冷的甲醇,以减少产物在甲醇中的溶解量。

(4) 重结晶时如果溶液不透明,加热锥形瓶至丙酮沸腾,但不能过热,再补加少量丙酮,重复操作至溶液透明。如冷却 10 min 后仍不出现晶体,重新加热使油珠溶解,再慢慢冷却。

(5) 薄层色谱分析法用硅胶铺板,用 7:3(体积比)的己烷和乙酸乙酯混合液为展开剂。粗产物有三个组分:$R_f=0.72$,产物;$R_f=0.59$,异构体;$R_f=0.40$,未知物。重结晶后的产物只有一个组分:$R_f=0.72$。

(6) 标准溶液 A:取 4-硝基苯氧化四丁基铵 0.123 g,放入 100 mL 容量瓶中,用二氯甲烷稀释到刻度,在第二个 100 mL 容量瓶中再稀释成 3.6×10^{-5} mol/L 溶液。

4-硝基苯氧化四丁基铵可用下述方法制得:

在 100 mL 圆底烧瓶中,加入 1.39 g(9.0 mmol)4-硝基苯酚和 10 mL 甲醇,搅拌使 4-硝基苯酚溶解,慢慢加入 10 mL 1 mol/L 四丁基氢氧化铵溶液,得到亮黄色的溶液,蒸馏出甲醇。加 40 mL 苯使固体溶解,蒸馏出苯和水的共沸混合物,再加苯溶解,蒸馏出苯和水共沸混合物,直至固体中水完全除去。真空干燥,得亮黄色 4-硝基苯氧化四丁基铵。

(7) 标准溶液 B:取氟化四丁基铵 0.418 g,放入 100 mL 容量瓶中,用二氯甲烷溶解并稀释成 3.6×10^{-2} mol/L 溶液。

(8) 加标准溶液 A 时,反应中产物的阴离子为 4-硝基苯氧阴离子;加标准溶液 B 时,反应中产物的阴离子为 F^-,4-硝基苯氧阴离子游离出来,呈黄色。

六、思考题

(1) 如果吡咯和丙酮非等物质的量加料,会出现什么问题?

(2) 本实验中浓硫酸起什么作用?

第6章　天然产物的提取

实验五十一　辣椒红色素的提取和薄层色谱的使用

一、实验目的

　　(1) 掌握用有机溶剂提取辣椒红色素的方法。
　　(2) 掌握薄层色谱(TLC)的使用方法。

二、实验原理

　　红辣椒之所以呈现出鲜艳的红色,主要原因是里面含有辣椒红色素。辣椒红色素是一种安全无毒的天然食用色素,其主要成分是辣椒红素和辣椒玉红素,皆是类胡萝卜素,能被人体消化吸收,并在人体内转化为维生素 A。它不仅安全无任何毒副作用,而且具有一定的营养保健和医疗作用,被广泛运用于饮食、糕点、饮料、化妆品、医药、儿童玩具等的着色。

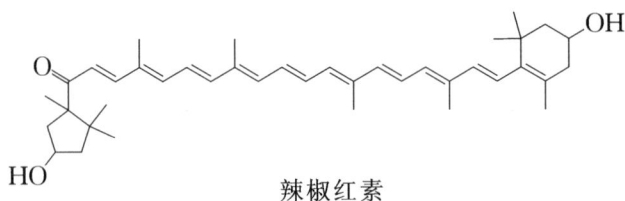

辣椒红素

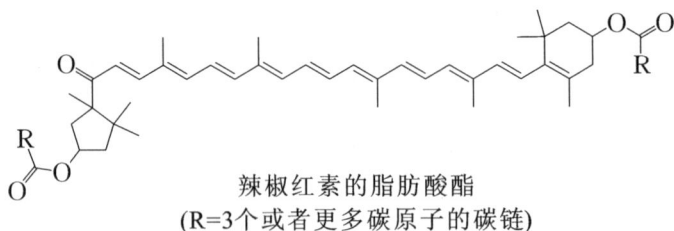

辣椒红素的脂肪酸酯
(R=3个或者更多碳原子的碳链)

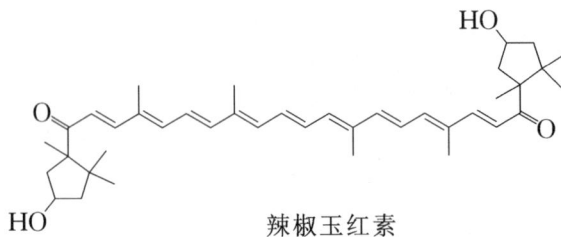

辣椒玉红素

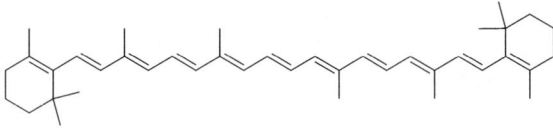

β-胡萝卜素

辣椒红素为深红色黏性油状液体,易溶于植物油、丙酮、乙醚、三氯甲烷,溶于乙醇,不溶于甘油和水。由于辣椒红素是混合物,其组分结构相似,因此很难采用普通的方法对其进行分离,必须采用色谱的方法来对其进行分离鉴别。有机合成里常用的色谱分离方法包括柱分离色谱、纸色谱和薄层色谱(thin layer chromatography,缩写 TLC)。

薄层色谱又叫薄板层析,是快速分离和定性分析少量物质的一种很重要的实验技术,属固-液吸附色谱。它兼备了柱色谱和纸色谱的优点,一方面适用于少量样品(几到几十微克,甚至 $0.01~\mu g$)的分离;另一方面在制作薄层板时,把吸附层加厚加大,又可用来精制样品,此法特别适用于挥发性较小或较高温度下易发生变化而不能用气相色谱分析的物质。此外,薄层色谱法还可用来跟踪有机化学反应及进行柱色谱之前的一种"预试"。薄层色谱法是一种微量快速的分析分离方法,它具有灵敏、快速准确等优点。

薄层色谱的原理和柱色谱一样,属于固-液吸附色谱。通常是把吸附剂放在玻璃板上成为一个薄层,作为固定相,以有机溶剂作为流动相。实验时,把要分离的混合物滴在薄层板的一端,用适当的溶剂展开,当溶剂流经吸附剂时,各物质由于被吸附的强弱不同,就以不同的速率随着溶剂移动。展开一定时间后,让溶剂停止流动,混合物中各组分就停留在薄层板上,显示出一个个色斑,即色谱图。若各组分无色,可喷洒一定的显色剂使之显色。

混合物中各物质在薄层板上随溶剂移动的相对距离,称为比移值(R_f值)。

$$R_f = \frac{原点到斑点中心的距离}{原点到溶剂前沿的距离}$$

在一定条件下,各物质具有一定的 R_f 值。不同物质在相同条件下,具有不同的 R_f 值。因此,可利用 R_f 值对物质进行定性鉴定。但物质的 R_f 值常因吸附剂的种类和活性、薄层的厚度、展开剂及温度等的不同而异。所以在鉴定样品时,常用已知成分做对照实验,在同一个薄层板上进行层析,然后通过 R_f 值的比较,对物质作定性鉴定。根据斑点的面积大小和颜色的深浅,与标准物对照,还可进行定量。

三、仪器与试剂

(1) 仪器:圆底烧瓶、冷凝管、锥形瓶、漏斗、毛细管、电热套、玻璃硅胶板(GF_{254})等。

(2) 试剂:二氯甲烷、红辣椒粉。

四、实验装置图

实验装置如图 6-1 所示。

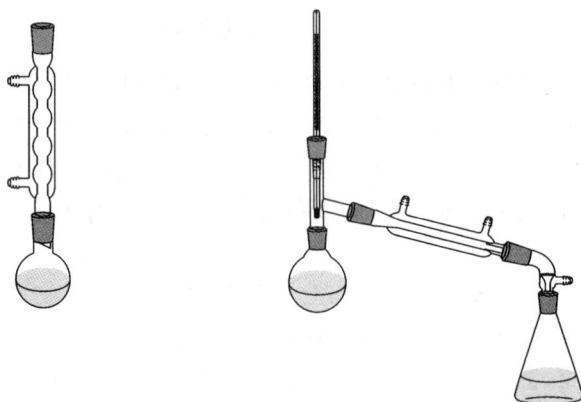

(a) 回流提取与蒸馏装置

(b) 薄层色谱的展开装置

图 6-1　提取与薄层色谱装置

五、实验步骤

（1）在 50 mL 圆底烧瓶中，加入 2 g 研细的红辣椒粉、几粒沸石和 20 mL 二氯甲烷，加热回流 20 min。

（2）然后冷却至室温，用塞有脱脂棉的小漏斗过滤除去辣椒渣子。

（3）蒸馏回收二氯甲烷，得到浓缩的色素黏稠液。

（4）用 2 mL 二氯甲烷将黏稠液溶解，用毛细管点样在硅胶板上，利用二氯甲烷为展开剂，展开后出现一大红斑点（$R_f = 0.78$），其上一小红斑点（$R_f = 0.91$），再往上一黄色斑点（$R_f = 0.98$）。

六、注意事项

（1）辣椒粉要研细,适于充分提取。

（2）萃取剂除了二氯甲烷,还可以使用乙酸乙酯。

（3）点样时不能戳破薄层板面,各样点间距 1～1.5 cm,样点直径应不超过 2 mm。

（4）展开时,不要让展开剂前沿上升至薄层板顶端。否则,无法确定展开剂上升高度,即无法求得 R_f 值和准确判断粗产物中各组分在薄层板上的相对位置。

七、思考题

（1）用有机溶剂提取辣椒红色素的原理是什么?

（2）如何利用 R_f 值来鉴定化合物?

（3）薄层色谱法点样应注意些什么?

实验五十二　从茶叶中提取咖啡因

一、实验目的

（1）学习用萃取法从茶叶中提取咖啡因。

（2）掌握利用索氏提取器萃取有机物的原理。

二、实验原理

茶叶中含有多种生物碱,其中主要成分为咖啡碱(又名咖啡因,Caffeine),占 1%～5%。

咖啡因的学名为 1,3,7-三甲基-2,6-二氧嘌呤,它是具有绢丝光泽的无色针状晶体,含一个结晶水,在 100 ℃时失去水开始升华,在 178 ℃升华为针状晶体,无水物的熔点为 235 ℃,是弱碱性物质,味苦。它易溶于热水(约 80 ℃)、乙醇、丙酮、二氯甲烷、氯仿,难溶于石油醚。

茶叶中的生物碱对人体有一定程度的药理功能。咖啡因有强心作用,可兴奋神经中枢。本实验是用萃取法从茶叶中提取咖啡因。

三、仪器与试剂

（1）仪器:索氏提取器、直形冷凝管、温度计(300 ℃)、平底烧瓶(250 mL)、圆底烧瓶、蒸发皿、长颈漏斗、蒸馏头、锥形瓶、接引管、电热套、铁架台、广口瓶等。

（2）试剂:茶叶、无水乙醇、生石灰。

四、实验装置图

提取装置如图 6-2 所示。蒸馏装置见图 5-10(c)。

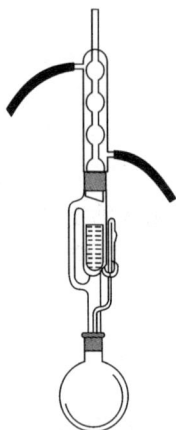

图 6-2　咖啡因的提取装置

五、实验步骤

（1）取 10 g 茶叶，放入茶叶袋，轻塞入索氏提取器提取筒中，加入 50 mL 无水乙醇，淹没茶叶但低于虹吸管，再往下部平底烧瓶中加入约 50 mL 无水乙醇，用电热套加热，连续萃取至烧瓶中液体变深、提取筒中的萃取液颜色变浅（约 1 h）。当提取筒中液体流空时，停止加热。将平底烧瓶改装成蒸馏装置，蒸出大部分乙醇。将乙醇浓缩液趁热倒入蒸发皿中，用少许乙醇洗涤烧瓶后，倒入蒸发皿中。加入约 4 g 生石灰，搅成糊状，在电热套上放石棉网蒸干，压碎成粉末，稍冷后均匀铺开。

（2）将一张刺有许多小孔且孔刺朝上的滤纸盖在蒸发皿上，再在滤纸上罩上一个干燥的、颈部塞一小团疏松棉花、大小合适的长颈漏斗，控制电热套温度，小心加热。当滤纸上出现许多针状晶体时，停止升华。将针状晶体刮下，收集到一个广口瓶中，此时蒸发皿中渣状固体应变成棕色。如果渣状物仍为绿色，搅拌后再次升华。合并升华物，称重，测熔点。

产量约为 0.12 g。

咖啡因为无色针状晶体，熔点为 234.5 ℃。

六、注意事项

（1）茶叶袋不能破损，不然茶叶渣会堵塞索式提取器。

（2）瓶中乙醇不可蒸得太干，否则残液很黏，转移时损失较大。

（3）生石灰起吸水和中和作用，以除去部分酸性杂质。

（4）在萃取回流充分的情况下，升华操作是实验成败的关键。升华过程中，注意控制温度。如温度太高，会使产物发黄。

（5）在蒸干糊状物时，应小火慢热，因为如果加热过快，温度过高，会导致糊状物飞溅。

七、思考题

（1）索氏提取器萃取的原理是什么？与一般的萃取相比有些什么优点？

（2）提取咖啡因时用到生石灰，它起什么作用？

实验五十三　黄连素的提取

一、实验目的

（1）学习从中草药中提取生物碱的原理和方法。

（2）熟悉固-液提取的装置与操作方法。

二、实验原理

黄连是中药中常见的药材之一。黄连中含有多种生物碱,其中以黄连素为主要有效成分,含量达到 4%～10%。黄连素有抗菌、消炎、止泻的功效,对细菌性痢疾、肠胃炎、结膜炎、百日咳、猩红热等各种急性化脓性感染和炎症均有疗效。

黄连素有三种互变异构体,在自然界中多以季铵碱的形式存在,结构式如下:

醇式　　　　　　　　　　　　　醛式　　　　　　　　　　　　季铵碱式

黄连素是黄色针状晶体,微溶于水和乙醇,易溶于热水和热乙醇中,在乙醚中几乎不溶。使用适当的溶剂(如水、乙醇、硫酸等)在提取器中连续抽提,然后浓缩酸化,可得到相应的盐。黄连素的盐酸盐、硫酸盐、硝酸盐均难溶于冷水,易溶于热水,因此可以通过在水中重结晶对黄连素进行纯化。

三、仪器与试剂

(1) 仪器:圆底烧瓶、球形冷凝管、电热套、旋转蒸发仪、烧杯、量筒、抽滤装置。

(2) 试剂:黄连、95%乙醇、1%醋酸溶液、浓盐酸、石灰乳、丙酮。

四、实验步骤

(1) 称取 5 g 黄连粉,加入 100 mL 圆底烧瓶中,加入 25 mL 95%乙醇,装上球形冷凝管,加热回流 0.5 h,冷却后抽滤。滤渣重复前述操作再抽提一次,合并 2 次的提取液。用旋转蒸发仪蒸出乙醇,至瓶内液体呈棕红色浆状为止。往烧瓶中加入 1%醋酸溶液 20 mL,加热溶解,趁热过滤除去不溶物。往溶液中滴加浓盐酸至溶液变混浊,冷却静置,有黄色固体析出。抽滤,滤渣用少量冰水洗涤 2 次,得到黄连素盐酸盐粗产品。

(2) 将粗产品放入 100 mL 烧杯中,加入 15 mL 水,加热至沸腾,搅拌几分钟,趁热过滤,滤液用浓盐酸调节 pH 值至 2～3,冷却到室温后静置,即有橙黄色晶体析出。抽滤,固体用少量冷水洗涤 2 次,丙酮洗涤一次,干燥后称重。

(3) 将黄连素盐酸盐加入热水中至刚好完全溶解,煮沸,用石灰乳调节 pH 值为 8.5～9.8,冷却后过滤除去杂质,滤液继续冷却至室温以下,即有针状物的黄连素析出,抽滤,将结晶在 50～60 ℃下干燥,熔点为 145 ℃。

五、注意事项

(1) 第二次提取时可适当减少乙醇的用量和缩短浸泡时间,也可以用索氏提取器连续提取。

（2）注意提取液不可蒸干,黄连素在强碱中部分转化为醛式黄连素,易被氧化转变为红色的氧化黄连素。

六、思考题

（1）黄连素为何种生物碱类化合物?

（2）为何要用石灰乳来调节 pH 值? 用氢氧化钾来调节是否可行?

实验五十四　菠菜中天然色素的提取和分离

一、实验目的

（1）了解薄层色谱法和柱色谱法的原理。

（2）掌握天然产物提取和分离的方法。

（3）掌握不同展开剂对分离效果的影响。

二、实验原理

植物绿叶中含有多种天然色素,最常见的有胡萝卜素(黄色)、叶绿素(绿色)和叶黄素（黄色）,其结构式为

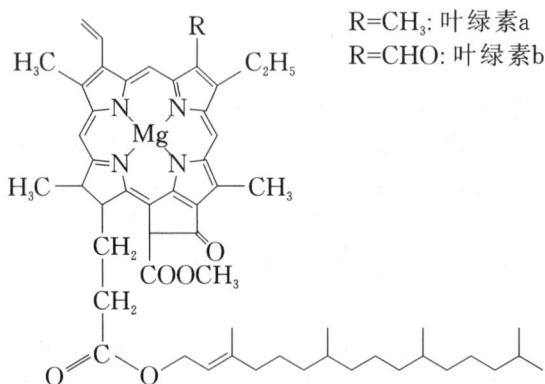

R=CH$_3$: 叶绿素a
R=CHO: 叶绿素b

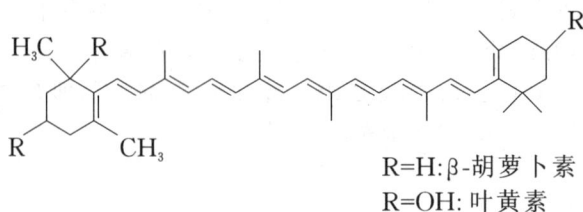

R=H:β-胡萝卜素
R=OH:叶黄素

叶绿素存在两种结构相似的形式,即叶绿素 a（$C_{55}H_{72}O_5N_4Mg$）和叶绿素 b

($C_{55}H_{70}O_6N_4Mg$),其差别仅是 a 中的甲基被 b 中的甲酰基取代。它们都是吡咯衍生物与金属镁的配合物,是植物进行光合作用所必需的催化剂。植物中叶绿素 a 的含量通常是 b 的 3 倍。尽管叶绿素分子中含有一些极性基团,但大的烷基结构使它易溶于醚、石油醚等非极性的溶剂。

胡萝卜素($C_{40}H_{56}$)是具有长链结构的共轭多烯。它有三种异构体,即 α-、β-和 γ-胡萝卜素,其中 β 异构体含量最多,也最重要。生长期较长的绿色植物中,β 异构体的含量多达 99%。β 异构体具有维生素 A 的生理活性,它是由两分子维生素 A 在链端失去两分子水结合而成的。在生物体内受酶催化氧化即形成维生素 A。目前 β 异构体已可进行工业化生产,可作为维生素 A 使用,也可作为食品工业中的色素。

叶黄素($C_{40}H_{56}O_2$)是一种重要的抗氧化剂,为类胡萝卜素家族的一员,又名植物黄体素,在自然界中与玉米黄素共同存在。它是胡萝卜素的羟基衍生物,它在绿叶中的含量通常是胡萝卜素的两倍。与胡萝卜素相比,叶黄素较易溶于醇而在石油醚中溶解度较小。

本实验是从菠菜叶中提取以上色素,分别用薄层色谱法和柱色谱法进行分离,并测定其中 β-胡萝卜素的紫外吸收。

三、仪器与试剂

(1) 仪器:研钵、布氏漏斗、抽滤瓶、圆底烧瓶、电热套、玻璃棒、玻璃漏斗、分液漏斗、展开槽、载玻片(2.5 cm×7.5 cm,6 块)、色谱柱(25 cm×1 cm)等。

(2) 试剂:菠菜、甲醇、乙酸乙酯、丙酮、石油醚(60~90 ℃)、正丁醇、乙醇、无水硫酸钠、硅胶 H、羧甲基纤维素钠、中性氧化铝(150~160 目)。

四、实验步骤

1. 菠菜色素的提取

称取 20 g 新鲜、洗净的菠菜叶,用滤纸吸干水分后用剪刀剪碎并与 20 mL 甲醇拌匀,在研钵中研磨 5 min,然后用布氏漏斗抽滤,弃去滤液;将菠菜叶倒回研钵中,每次用 20 mL 3:2(体积比)的石油醚(60~90 ℃)-甲醇混合溶剂,萃取 2 次,每次需研磨并抽滤。合并滤液,每次用 10 mL 水,洗涤 2 次,弃去甲醇-水层,石油醚层用无水硫酸钠干燥后,滤入圆底烧瓶,在电热套上垫石棉网小火蒸馏,除去石油醚,浓缩至 1 mL。

2. 薄层色谱分离

(1) 硅胶板的制作。将硅胶 H 用 0.5% 的羧甲基纤维素钠水溶液调制,均匀地铺在载玻片上并自然晾干,经 110 ℃ 活化后供层析用。

(2) 点样。在活化后的层析板上,用铅笔在距载玻片底部约 5 mm 处画一条标线,用点样管吸取浓缩后的样品,轻轻地在标线上点样。需对两块层析板进行点样。

(3) 展开。小心将两块层析板放入不同展开剂的层析缸(展开槽)中,盖好缸盖后进行展开,当展开剂到达离顶端 3 mm 处时将层析板取出,再用铅笔标出展开剂的前沿,自然晾干。

（4）计算不同展开剂条件下各个化合物的 R_f 值。

展开剂 a：石油醚（60～90 ℃）与丙酮（体积比为 8∶2）。

展开剂 b：石油醚（60～90 ℃）与乙酸乙酯（体积比为 6∶4）。

3．柱色谱分离

（1）装柱。将选好的色谱柱（25 cm×1 cm）竖直固定在铁架台上,加石油醚约 15 cm 高。将一小团脱脂棉用石油醚润湿,轻轻挤出气泡,用一根洁净的玻璃棒将其推入柱底狭窄部位,再将一张直径略小于柱内径的圆滤纸片推入底部,水平覆盖在棉花上（或使用下端带砂芯的色谱柱）。把 10 g 中性氧化铝（150～160 目）通过玻璃漏斗缓缓加入,同时打开柱下活塞放出石油醚,使柱内液面高度大体保持不变。必要时用装在玻璃棒上的橡皮塞轻轻敲击柱身,以使氧化铝均匀沉降,始终保持沉积面上有一段液柱。加完氧化铝后小心控制柱下活塞,使液面恰恰降至与氧化铝沉积面相平齐,关闭活塞,在沉积面上再加盖一张小滤纸片（或石英砂）。

（2）进样。用滴管吸取剩余的色素溶液加入柱中。开启活塞使液面降至滤纸片处,关闭活塞。

（3）淋洗。将数滴石油醚贴内壁加入以冲洗内壁,再放出液体至液面与滤纸相平齐,重复冲洗操作 2～3 次,然后改用 9∶1（体积比）的石油醚-丙酮混合溶剂淋洗。当第一个色带（橙黄色）开始流出时,更换接收瓶接收。当第一色带完全流出后再更换接收瓶,并改用体积比为 7∶3 的石油醚-丙酮混合液淋洗第二色带。最后改用体积比为 2∶1∶1 的正丁醇-乙醇-水混合液淋洗第三和第四色带。

4．薄层色谱检测柱效

取活化后的层析板 4 块,按步骤 2 所述方法点样,用体积比为 8∶2 的石油醚-丙酮混合液作展开剂,展开后计算各样点的 R_f 值,观察各色带样点是否单一,并与原提取液的层析结果进行对比,以认定柱中分离是否完全。

各样点的 R_f 值因板层厚度及活化程度不同而略有差异。大致次序为：第一色带为 β-胡萝卜素（橙黄色,$R_f=0.75$）；第二色带为叶黄素（黄色,$R_f=0.7$）；第三色带为叶绿素 a（蓝绿色,$R_f=0.67$）；第四色带为叶绿素 b（黄绿色,$R_f=0.50$）。在原提取液（浓缩）的层析板上还可以看到另一个未知色素的斑点（$R_f=0.20$）。

本实验需 8～10 h。

五、注意事项

（1）抽滤时可用纱布代替滤纸,能加快抽滤速度,抽滤不宜过于剧烈。

（2）在水洗甲醇时,应轻轻振摇,以避免产生乳化现象。

（3）在层析板上画标线时,不能将硅胶层划断。

（4）当样品较稀时,可采用多次点样。但每次点样时都应等前一次点样的溶剂挥发干后,才能进行下一次点样。

（5）展开剂加入的量要适中。

（6）叶黄素易溶于醇而在石油醚中的溶解度较小。菠菜嫩叶中叶黄素含量本来不多，经提取洗涤损失后所剩更少，故在柱色谱中不易分得黄色带，在浅色谱中样点很浅，可能观察不到。

六、思考题

（1）R_f 值的含义是什么？R_f 值与溶剂的关系是怎样的？

（2）哪些材料可作为层析用载体？

实验五十五　从牛奶中提取酪蛋白

一、实验目的

（1）了解等电点沉淀法，学习从牛奶中制取酪蛋白的原理。

（2）通过熟悉从牛奶中制备酪蛋白的方法，促进对蛋白质等电点性质的理解。

二、实验原理

牛奶中的主要蛋白质是酪蛋白，含量约占牛奶蛋白质总量的 80%，约为 3.5 g/100 mL。酪蛋白是含磷蛋白质的混合物，相对密度为 1.25～1.31，不溶于水、醇及有机溶剂。酪蛋白在乳中是以酪蛋白酸钙-磷酸钙复合体胶粒存在，胶粒直径为 20～800 nm，平均值为 100 nm。在酸或凝乳酶的作用下酪蛋白会沉淀，加工后可制得干酪和干酪素。

酪蛋白是乳中含量最高的蛋白质，目前主要作为食品原料或微生物培养基使用，利用蛋白质酶促水解技术制得的酪蛋白磷酸肽具有防止矿物质流失，尤其是促进常量元素（Ca、Mg）与微量元素（Fe、Zn、Cu、Cr、Ni、Co、Mn、Se）高效吸收的功能，因而其具有"矿物质载体"的美誉。

本实验采用等电点沉淀法，利用等电点时溶解度最低的原理，将牛奶的 pH 值调至 4.7 时（酪蛋白的等电点为 4.7），酪蛋白就沉淀出来。用乙醇等溶剂洗涤沉淀物，除去脂质杂质后便可得到纯的酪蛋白。同时，脱脂乳中除去酪蛋白后剩下的液体为乳清，在乳清中含有乳白蛋白和乳球蛋白，还有溶解状态下的乳糖，乳中的糖类 99.8% 以上是乳糖，通过浓缩、结晶可以制取乳糖。

三、仪器与试剂

（1）仪器：离心机、酸度计、数显恒温水浴箱、烧杯、抽滤装置、离心管、烘箱等。

（2）试剂：市售牛奶、醋酸-醋酸钠缓冲液、95% 乙醇、乙醚、1% 氢氧化钠溶液、10% 醋酸溶液。

四、实验步骤

(1) 将 10 mL 牛奶置于烧杯中,水浴加热至 40 ℃,在搅拌下缓慢加入预热至 40 ℃的醋酸-醋酸钠缓冲液(pH 4.7)10 mL,混匀,用酸度计或精密 pH 试纸调节 pH 值至 4.7(用 1% 氢氧化钠溶液或 10% 醋酸溶液进行调整)。牛奶开始有絮状沉淀出现后,保温使其沉淀完全。将上述悬浮液冷却至室温。离心(3000 r/ min)分离 15 min,弃去上清液,得到酪蛋白粗品。

(2) 用蒸馏水浸泡、洗涤沉淀 3 次,离心,弃去上层清液。沉淀中加入 95% 乙醇 5 mL 洗涤,抽滤。然后用乙醇-乙醚混合液洗涤沉淀 2 次,分别抽滤。最后用乙醚洗涤沉淀 2 次,分别抽滤。将酪蛋白沉淀物置于 80 ℃烘箱中烘干,称重,并计算产率。

五、注意事项

(1) 0.2 mol/L 醋酸-醋酸钠缓冲液的配制:① A 液,称取 NaAc • 3H$_2$O 固体 2.722 g,溶解并定容至 100 mL;② B 液,称取优级纯醋酸(含量大于 99.8%)0.6 g,溶解并定容至 50 mL;③取 A 液 88.5 mL 与 B 液 61.5 mL,混合,即得 pH＝4.7 的醋酸-醋酸钠缓冲液 150 mL。

(2) 离心管中装入样品后必须严格配平,否则对离心机损坏严重。离心管装入样品后必须盖严,并擦干表面的水分和污物后方可放入离心机。离心机用完后应拔下电源,然后检查离心腔中有无水迹和污物,擦干净后才能盖上盖子,放好保存,以免生锈和损坏。

六、思考题

(1) 为什么调整溶液的 pH 值可以将酪蛋白沉淀出来?
(2) 试设计利用盐析法提取酪蛋白的实验。

实验五十六　从豆油中提取卵磷脂

一、实验目的

(1) 了解从豆油中提取卵磷脂的原理。
(2) 学习以丙酮为提取剂提取卵磷脂的方法。
(3) 掌握卵磷脂的结构和性质。

二、实验原理

卵磷脂是一种天然的表面活性剂,化学名称为磷脂酰胆碱,简称 PC,是由甘油、

胆碱、磷酸、饱和及不饱和脂肪酸组成的一种含磷脂类物质,其结构式如下:

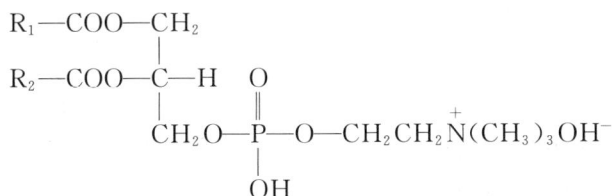

$$R_1—COO—CH_2$$
$$R_2—COO—C—H \quad O$$
$$CH_2O—P—O—CH_2CH_2\overset{+}{N}(CH_3)_3OH^-$$
$$OH$$

卵磷脂是人体组织中含量最高的磷脂,是神经组织的重要成分,属于高级神经营养素。卵磷脂广泛存在于大豆、卵黄等动植物体内,具有重要的生理功能和独特的乳化性能,在食品、保健品、医药等行业中具有重要的用途。卵磷脂作为人体正常新陈代谢和健康生存必不可少的物质,对人体的细胞活化、生存及脏器功能的维持、肌肉关节的活化及脂肪的代谢等都起到非常重要的作用。

常态下,纯净的卵磷脂为淡黄色的透明或半透明的黏稠状,有清淡柔和的香味,在低温下可以结晶。它既具有亲油性,又具有亲水性,等电点(pI)为 6.7。它易溶于三氯甲烷,可溶于乙醚、乙醇等有机溶剂,也能溶于水成为胶体状态,但不溶于丙酮。不同的卵磷脂在有机溶剂中溶解度不同,故可用有机溶剂来提取分离卵磷脂。卵磷脂的提取方法主要有溶剂萃取法、超临界流体萃取法、硅胶柱色谱法、膜分离法和酶催化精制法。本实验采用溶剂萃取法提取卵磷脂。

三、仪器与试剂

(1) 仪器:数显恒温水浴箱、烧杯、试管、磁力搅拌器、抽滤装置。

(2) 试剂:大豆油脚、丙酮、10％氯化锌溶液、10％氢氧化钠溶液、95％乙醇、无水乙醇、红色石蕊试纸、钼酸铵试剂。

四、实验步骤

1. 卵磷脂的提取

称取 20 g 大豆油脚,加入约 10 倍(质量(g)与体积(mL)比)的无水丙酮,并不断搅拌,可以得到粉状的丙酮不溶物,过滤,得到卵磷脂粗品。取一定量的卵磷脂粗品,用无水乙醇溶解,得到约 10％的乙醇粗提液,加入相当于卵磷脂质量的 10％氯化锌溶液,室温搅拌 0.5 h,分离沉淀物,加入适量冰丙酮(5 ℃),搅拌 1 h,过滤,再用丙酮多次洗涤固体,直到丙酮洗涤液为无色澄清,最终得到精制的卵磷脂产品,干燥,称重。

2. 卵磷脂的水解与鉴定

(1) 三甲胺的检验:取干燥试管,加入少量提取物和 3 mL 10％氢氧化钠溶液,水浴加热 15 min,在管口放一片湿润的红色石蕊试纸,观察颜色有无变化,并嗅其气味。将溶液过滤待用。

(2) 磷酸的检验:取干净试管,加入 10 滴上述滤液,加入 10 滴 95％乙醇,摇匀,再加入 10 滴钼酸铵试剂,观察现象。将试管放入热水浴中加热 5～10 min,观察有何变化。

五、注意事项

(1) 实验时要特别小心使用丙酮,如果不小心溅出,应及时清理。

(2) 丙酮可以回收后重新使用。

六、思考题

(1) 简述卵磷脂的生物学功能。

(2) 实验过程中用丙酮多次洗涤的目的是什么?

(3) 卵磷脂彻底水解的产物有哪些?

附 录

附录 A 部分元素的相对原子质量

符号	名称	英文名	相对原子质量	符号	名称	英文名	相对原子质量
H	氢	Hydrogen	1.008	Li	锂	Lithium	6.941
B	硼	Boron	10.81	Na	钠	Sodium	22.99
C	碳	Carbon	12.01	K	钾	Potassium	39.10
N	氮	Nitrogen	14.01	Mg	镁	Magnesium	24.31
O	氧	Oxygen	16.00	Ca	钙	Calcium	40.08
F	氟	Fluorine	19.00	Al	铝	Aluminum	26.98
Cl	氯	Chlorine	35.45	Si	硅	Silicon	28.09
Br	溴	Bromine	79.90	P	磷	Phosphorus	30.97
I	碘	Iodine	126.9	S	硫	Sulfur	32.07

附录 B 常用有机溶剂的沸点、密度

名称	沸点/℃	密度(d_4^{20})	名称	沸点/℃	密度(d_4^{20})
甲醇	64.96	0.7914	苯	80.1	0.87865
乙醇	78.5	0.7893	甲苯	110.6	0.8669
乙醚	34.51	0.71378	二甲苯	140	0.86
丙酮	56.2	0.7899	氯仿	61.7	1.4832
乙酸(醋酸)	117.9	1.0492	四氯化碳	76.54	1.5940
乙酸酐(醋酸酐)	139.55	1.0820	二硫化碳	46.25	1.2661
乙酸乙酯	77.06	0.9003	硝基苯	210.8	1.2037
二氧六环	101.1	1.0336	正丁醇	117.25	0.8098
二甲亚砜	189	1.0954			

附录 C　常用有机溶剂在水中的溶解度

溶剂名称	温度/ ℃	水中溶解度	溶剂名称	温度/ ℃	水中溶解度
庚烷	15.5	0.005%	硝基苯	15	0.18%
二甲苯	20	0.011%	氯仿	20	0.81%
正己烷	15.5	0.014%	二氯乙烷	15	0.86%
甲苯	10	0.048%	正戊醇	20	2.60%
氯苯	30	0.049%	异戊醇	18	2.75%
四氯化碳	15	0.077%	正丁醇	20	7.81%
二硫化碳	15	0.12%	乙醚	15	7.83%
乙酸戊酯	20	0.17%	乙酸乙酯	15	8.30%
乙酸异戊酯	20	0.17%	异丁醇	20	8.50%
苯	20	0.175%			

附录 D　常见共沸混合物的组成和共沸点

1. 二元共沸混合物组成及沸点

沸点/℃	物质①及质量分数/(%)	物质②及质量分数/(%)	沸点/℃	物质①及质量分数/(%)	物质②及质量分数/(%)
78.2	乙醇/95.5	水/4.5	69.4	苯/91.1	水/8.9
64.7	氯仿/80.0	丙酮/20.0	70.8	环己烯/90	水/10
67.8	苯/67.6	乙醇/32.4	108.6	氯化氢/20.2	水/79.8
117.1	正丁醚/17.5	正丁醇/82.5	64.9	环己醇/30.5	环己烯/69.5
93.0	正丁醇/55.5	水/45.5	94.1	正丁醚/66.6	水/33.4
97.8	环己醇/20	水/80	95	环己酮/38.4	水/61.6
72	1,2-二氯乙烷/81.5	水/18.5	70.4	乙酸乙酯/91.9	水/8.1

2. 三元共沸混合物组成及沸点

沸点/℃	三元组成/(%)		
	乙酸乙酯	乙醇	水
70.2	82.6	8.4	9.0
70.8	69.0	31.0	
	苯	乙醇	水
64.6	74.1	18.5	7.4
	乙酸乙酯	丁醇	水
90.7	63.0	8.0	29.0
	正丁醚	正丁醇	水
90.6	35.5	34.6	29.9

附录 E　常用有机试剂的配制

有机化学反应产物的分离和纯化都离不开溶剂。市售的有机溶剂规格各不相同，如工业级、化学纯、分析纯等。不同规格的溶剂价格也不尽相同，纯度越高，价格越高。在有机制备过程中，应根据化学反应特点，选用合适规格的试剂。这样既符合反应要求，又节约成本。有的有机化学合成使用溶剂比较多，如果全部靠购买市售纯品，不仅较贵，而且有时也不一定能满足实验要求。因此，了解有机溶剂的性质和精制方法是十分必要的。某些有机化学反应，对溶剂要求非常高，即使微量的水分或杂质的存在，也会影响反应的产率、反应速率和产品纯度。因此，纯化有机溶剂也是有机合成实验必不可少的基本操作。

在有机化学合成、分离等实验中，常需检验、鉴别各类化合物。例如，色谱分离中常要有适当的显色试剂，这些试剂大多可以在实验室中配制。

下面介绍部分常用有机溶剂在一般实验室条件下的精制方法及一些常用化学试剂的配制方法。

1. 绝对乙醇

分子式 C_2H_5OH，折射率 $(n_D^{20})1.3616$，相对密度 $(d_4^{20})0.7893$。

市售的无水乙醇一般只能达到 99.5% 的纯度，在许多反应中需要用纯度更高的绝对乙醇，需要自己制备。通常工业用的 95.5% 乙醇不能直接用蒸馏法制取无水乙醇，因 95.5% 的乙醇和 4.5% 的水形成共沸混合物。要把水除去，第一步是加入氧化钙(生石灰)煮沸回流，使乙醇中的水与生石灰作用生成氢氧化钙，然后再将无水乙醇蒸出。这样得到的无水乙醇，最高纯度约 99.95%。纯度更高的无水乙醇可用金属镁或金属钠进行处理。反应如下：

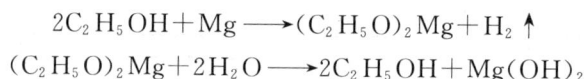

或

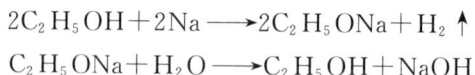

精制步骤：

1) 无水乙醇(99.5%)的制备

在 500 mL 圆底烧瓶中，加入 200 mL 95% 乙醇和 50 g 生石灰，用软木塞塞紧瓶口，放置至下次实验。下次实验时，拔去软木塞，装上回流冷凝管，其上端接氯化钙干燥管，在水浴上回流加热 2～3 h，稍冷后取下冷凝管，改成蒸馏装置。蒸去前馏分后，用干燥的抽滤瓶或蒸馏瓶做接收瓶，其支管接氯化钙干燥管，使其与大气相通。用水浴加热，蒸馏至几乎无液滴流出为止。称量无水乙醇的质量或量其体积，计算回收率。

2) 绝对乙醇(99.95%)的制备

(1) 金属镁制取法：在 250 mL 圆底烧瓶中，加入 0.6 g 干燥、纯净的镁条，10 mL 99.5% 乙醇，装上回流冷凝管，并在冷凝管上接无水氯化钙干燥管。在沸水浴或用火直接加热使其微沸，移去热源，立刻加入几粒碘(此时注意不要振荡)，顷刻即在碘粒附近发生反应，最后可以达到相当剧烈的程度。有时作用太慢，则需要加热。如果在加碘后，反应仍不开始，则可再加入数粒碘(一般情况下乙醇与镁反应是缓慢的，如所用乙醇含水量超过 0.5%，则反应尤其困难)。待全部镁已经反应完毕后，加入 100 mL 99.5% 乙醇和几粒沸石，回流 1 h，蒸馏，产物收存于玻璃瓶中，用橡皮塞或磨口塞塞住。

(2) 金属钠制取法：装置和操作同(1)，在 250 mL 圆底烧瓶中，加入 2 g 金属钠和 100 mL 纯度至少为 99.5% 的乙醇，加入几粒沸石。加热回流 30 min 后，加入 4 g 邻苯二甲酸二乙酯，再回流 10 min。取下冷凝管，改成蒸馏装置，按收集无水乙醇的要求进行蒸馏。产品储存于带有磨口塞或橡皮塞的容器中。

检验乙醇是否含有水分，常用的检验方法有两种：在一支洁净的试管中，加入制得的无水乙醇 2 mL，随即加入少量的无水硫酸铜粉末，如果粉末变为蓝色，说明无水乙醇中含有水分；另取一支洁净的试管，加入制得的无水乙醇 2 mL，加入几粒干燥的高锰酸钾，如果溶液呈紫红色，说明乙醇中含有水分。

注意事项：

(1) 本实验所使用的仪器都必须彻底干燥。无水乙醇吸水性很强，操作过程中和储存时必须防止水分侵入。

(2) 一般用干燥剂干燥有机溶剂时，在蒸馏前应先过滤除去。但氧化钙与乙醇中的水反应生成氢氧化钙,加热时不分解,故可留在瓶中一起蒸馏。

（3）若不放置,可延长回流时间。

（4）加入邻苯二甲酸二乙酯的目的,是利用它和氢氧化钠进行如下反应：

$$\text{（邻苯二甲酸二乙酯）}\begin{array}{l}-\text{COOC}_2\text{H}_5\\-\text{COOC}_2\text{H}_5\end{array}+2\text{NaOH}\longrightarrow\begin{array}{l}-\text{COONa}\\-\text{COONa}\end{array}+2\text{C}_2\text{H}_5\text{OH}$$

因此消去了乙醇和氢氧化钠生成乙醇钠和水的作用,如此得到的乙醇纯度极高。

（5）回流和蒸馏时,装置中各连接部分不能漏气,整个系统不能封闭,开口处应装有干燥管。干燥剂不能装得太紧,尤其是装干燥剂时用的脱脂棉不能太多,也不能堵得太紧。

2. 无水乙醚

分子式$(\text{C}_2\text{H}_5)_2\text{O}$,沸点34.51 ℃,折射率$(n_D^{20})$1.3526,相对密度$(d_4^{20})$0.71378。

普通乙醚中常含有0.5%水、2%乙醇,久藏的乙醚含有少量的过氧化物等杂质。这对于要求以无水乙醚作溶剂的反应（如 Grignard 反应）,不仅影响反应的进行,且容易发生危险。制备无水乙醚前,首先要检验并除去过氧化物。

取少量乙醚与等体积的2%碘化钾-淀粉溶液,加入几滴稀盐酸一起振荡,若能使淀粉溶液呈紫色或蓝色,即证明有过氧化物存在。

在分液漏斗中加入普通乙醚和相当于乙醚体积1/5的新配制的硫酸亚铁溶液,剧烈摇动后除去水溶液。除去过氧化物后,按照下述操作步骤进行精制。

精制步骤：

1）浓硫酸脱水

在250 mL圆底烧瓶中,加入100 mL新购进的乙醚和几粒沸石,装上冷凝管,冷凝管上端插入盛有10 mL浓硫酸的恒压滴液漏斗。通入冷凝水,将浓硫酸慢慢滴入乙醚中,由于脱水作用产生热量,此时乙醚会自行沸腾。加完后,摇动反应物。

2）常压蒸馏出乙醚

待乙醚停止沸腾后,拆下冷凝管,改成常压蒸馏装置。在接引管排气支管上连上氯化钙干燥管,并将与干燥管相连的橡皮管导入水槽。加入沸石后,用热水浴加热蒸馏,蒸馏速度不宜过快,以免乙醚蒸气来不及冷凝而逸散到室内。当收集到约70 mL乙醚且蒸馏速度显著变慢时,即可停止蒸馏。瓶内所剩残液,应倒入指定的回收瓶中,千万不要直接用水冲洗,以免发生爆炸危险（浓硫酸遇水后立即放出大量的热量）。

3）储存乙醚

将蒸馏收集的乙醚倒入干燥的锥形瓶中,加入1 g钠屑,然后用装有无水氯化钙的干燥管塞住,防止潮气进入和气体逸出。放置一定时间（24 h）,不再有气泡放出,而且钠的表面较好,这样即可储放,供下次实验用。如放置一定时间后,金属钠表面已全部发生反应,需重新放入少量钠屑,放至无气泡放出。这种无水乙醚基本达到一般无水乙醚要求。

注意事项：

（1）硫酸亚铁溶液的制备：在 110 mL 水中加入 6 mL 浓硫酸，然后加入 60 g 硫酸亚铁。硫酸亚铁溶液久置后容易氧化变质。使用较纯的乙醚制取无水乙醚时，可免去硫酸亚铁溶液的洗涤步骤。

（2）也可在 100 mL 乙醚中加入 4～5 g 无水氯化钙代替浓硫酸作为干燥剂，并在下步操作中用五氧化二磷代替金属钠而制得合格的无水乙醚。

（3）乙醚沸点为 34.51 ℃，常温下蒸气压高（20 ℃时蒸气压为 58.9 kPa），极易挥发，且蒸气密度比空气大（约为空气的 2.5 倍），容易聚集在桌面附近或低凹处。在空气中的爆炸极限为 1.85％～36.5％。所以在使用和蒸馏过程当中，应谨慎操作，远离火源。尽量不要让乙醚蒸气散发到空气中，以免造成意外。

（4）需要更纯的乙醚时，则在除去过氧化物后，再用 0.5％高锰酸钾溶液与乙醚振摇，使其中含有的醛类氧化成酸，然后依次用 5％氢氧化钠溶液和水洗涤，经干燥、蒸馏，再加钠屑。

（5）所有仪器必须干燥。脱水、蒸馏操作应控制速度适当。在蒸馏、储存乙醚过程中注意使用干燥管。

（6）乙醚易燃、易爆；浓硫酸为强脱水剂和氧化剂，应注意规范操作。金属钠与水、酸性物质易发生爆炸性反应，注意取用和残留处理。馏残液为浓硫酸与乙醚生成的盐，小心灼伤皮肤。

3. 丙酮

分子式 CH_3COCH_3，沸点 56.2 ℃，折射率（n_D^{20}）1.3588，相对密度（d_4^{20}）0.7899。

普通丙酮中往往含有少量乙醛、甲醇和水分等还原性杂质，含有这些杂质的丙酮，不能作为 Gragnard 反应的试剂，必须精制才可以使用。这些杂质也不可能用简单的蒸馏方法分开，可用下列方法精制。

方法 1：在 100 mL 丙酮中加入 5 g 高锰酸钾，回流以除去还原性杂质。若加入高锰酸钾紫色很快褪去，说明丙酮中还原性的物质较多，需要再加入少量高锰酸钾继续回流，直至高锰酸钾紫色不再褪去为止。蒸出丙酮，用无水碳酸钾或无水硫酸钙干燥，过滤，蒸馏，收集 55～56.5 ℃的馏分。用此法提纯丙酮时，丙酮中还原性物质不能太多，否则会消耗过多的高锰酸钾和丙酮，延长处理时间。

方法 2：在 100 mL 丙酮中加入 4 mL 10％硝酸银溶液及 35 mL 0.1 mol/L 氢氧化钠溶液，振荡 10 min，以除去还原性杂质。过滤，滤液用无水硫酸钙干燥后，过滤，蒸馏，收集 55～56.5 ℃的馏分。此法较快，但因硝酸银较贵，只适合少量纯化用。

4. 无水甲醇

分子式 CH_3OH，沸点 64.96 ℃，折射率（n_D^{20}）1.3288，相对密度（d_4^{20}）0.7914。

市售甲醇系由合成而得，其中含有少量的水分和丙酮，其中水分含量约 0.1％，丙酮含量约 0.02%，对于工业品，这些杂质含量在 0.5%～1% 之间。因为甲醇和水不会形成共沸混合物，因此可借助高效的精馏柱通过精馏将少量的水分除去。精制后甲醇含量大于 99.85%，含水 0.1%，含丙酮 0.02%，一般实验可以应用。若要求含水量低于 0.1%，也可用 3A 或 4A 型分子筛干燥，即可达到要求，若要制备更高无水甲醇，可用金属镁处理，具体方法参见"无水乙醇的制备"。

注意事项：

(1) 甲醇有剧毒，操作时应避免吸入甲醇蒸气。

(2) 甲醇属易燃易爆化学品，操作现场保持通风。

5. 乙酸乙酯

分子式 $CH_3COOCH_2CH_3$，沸点 77.06 ℃，折射率（n_D^{20}）1.3723，相对密度（d_4^{20}）0.9003。

乙酸乙酯一般含量为 95%～98%，含有少量的醋酸、乙醇和水，一般用下述方法精制。

精制步骤：

(1) 在 100 mL 乙酸乙酯中加入 10 mL 醋酸酐、1 滴浓硫酸，加热回流 4 h，以除去水和乙醇等杂质，然后进行蒸馏。馏分用 2～3 g 无水硫酸钙干燥后，过滤，蒸馏，收集 77 ℃ 馏分，纯度高达 99.7%。

(2) 将乙酸乙酯先用等体积 5% 碳酸钠溶液洗涤，再用饱和氯化钙溶液洗涤，然后用无水碳酸钾干燥，过滤，蒸馏。如需进一步干燥，可再与五氧化二磷回流 0.5 h，过滤，防潮蒸馏。

6. 苯

分子式 C_6H_6，沸点 80.1 ℃，折射率（n_D^{20}）1.5011，相对密度（d_4^{20}）0.87865。

由煤焦油加工而来的苯中可能含有少量噻吩，沸点 84 ℃，而普通苯一般含有少量的水，高者可达 0.02%。要制得无水、无噻吩的苯，不能用分馏或分步沉淀等方法分离除去，可采用下述方法：欲除去噻吩，在分液漏斗中可用等体积 15% 硫酸溶液洗涤多次，直至酸层为无色或淡黄色为止。然后依次用水、10% 碳酸钠溶液、水洗涤苯层，再用无水氯化钙干燥过夜，过滤，蒸馏，收集 80 ℃ 的馏分。若要高度干燥，可加入钠屑进一步去水，具体方法见"无水乙醚"部分。由石油加工得来的苯一般可省去除噻吩的步骤。

噻吩的检验：取 5 滴精制的苯于小试管中，加 5 滴浓硫酸、1～2 滴 1% α,β-吲哚醌的浓硫酸溶液，振荡片刻。如呈黑绿色或蓝色，证明有噻吩存在。

7. 甲苯

分子式 $CH_3C_6H_6$，沸点 110.6 ℃，折射率（n_D^{20}）1.4961，相对密度（d_4^{20}）0.8669。

一般甲苯中可能含有少量甲基噻吩。除去方法是：用浓硫酸洗涤，浓硫酸和甲苯的比例约为 1:10,洗涤时要不断振荡 30 min,操作温度应不高于 30 ℃,分出酸层,然后依次用水、10%碳酸钠溶液、水洗至中性,再用无水氯化钙干燥过夜,过滤、蒸馏,收集 110 ℃馏分。

8. 二硫化碳

分子式 CS_2,沸点 46.25 ℃,折射率(n_D^{20})1.63189,相对密度(d_4^{20})1.2632。

二硫化碳为有较高毒性的液体,可使神经和血液中毒,具有高度的挥发性和易燃性,所以使用时必须十分小心,避免接触其蒸气。一般有机制备实验对二硫化碳的要求不高,可在普通二硫化碳中加入少量研碎的无水氯化钙,干燥一段时间后滤去干燥剂,然后在水浴中蒸馏收集即可。

若要制得较纯的二硫化碳,需要将试剂级的二硫化碳用 0.5%高锰酸钾溶液洗涤多次,除去硫化氢,再用汞不断振荡以除去硫,最后用 2.5%硫酸汞溶液洗涤,除去所有恶臭即剩余的硫化氢,再用无水氯化钙干燥,过滤,蒸馏,收集馏分。相关反应式如下:

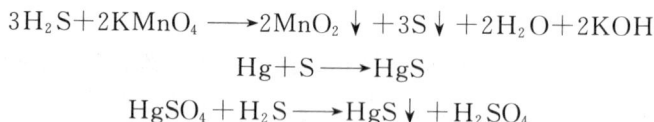

$$3H_2S+2KMnO_4 \longrightarrow 2MnO_2 \downarrow +3S \downarrow +2H_2O+2KOH$$
$$Hg+S \longrightarrow HgS$$
$$HgSO_4+H_2S \longrightarrow HgS \downarrow +H_2SO_4$$

9. 氯仿

分子式 $CHCl_3$,沸点 61.7 ℃,折射率(n_D^{20})1.4459,相对密度(d_4^{20})1.4832。

为了防止氯仿分解为有毒的光气,加入一定的乙醇作为稳定剂,普通氯仿中大约含有 1%乙醇。为了除去乙醇,将氯仿和一半体积的水混合振荡多次,然后分出下层氯仿,用无水氯化钙干燥数小时后过滤,蒸馏。

另一种纯化方法是将氯仿和少量浓硫酸一起振荡 2~3 次。每 100 mL 氯仿用 5 mL 浓硫酸。分出酸层的氯仿再用水洗涤,加无水氯化钙干燥数小时后过滤,蒸馏。

除去乙醇的无水氯仿应保存在棕色细口瓶中,避免见光,以免分解。

10. 石油醚

石油醚是相对分子质量较低、质轻的石油产品,主要是戊烷和己烷等烃类混合物。沸程比较长,在 30~150 ℃,收集的温度区间一般为 30 ℃左右,有 30~60 ℃(d_4^{15}0.59~0.62)、60~90 ℃(d_4^{15}0.64~0.66)、90~120 ℃(d_4^{15}0.67~0.72)和 120~150 ℃(d_4^{15}0.72~0.75)等沸程的石油醚。

石油醚中也含有少量不饱和的烃,其沸点与烷烃接近,用蒸馏法难以将它们分开,可用浓硫酸和高锰酸钾把它们除去。一般是将石油醚用其体积 1/10 的水洗涤 2~3 次,再用高锰酸钾和 10%硫酸配成的饱和溶液洗涤,直至水层中的紫色不再消失为止。然后再用水洗,用无水氯化钙干燥、过滤、蒸馏。要制备绝对干燥的无水石油醚,应加入钠屑或钠丝处理,具体操作方法见"无水乙醚"部分。

11. N,N-二甲基甲酰胺(DMF)

分子式 HCON(CH$_3$)$_2$,沸点 153 ℃,折射率(n_D^{20})1.4305,相对密度(d_4^{20})0.9487。

N,N-二甲基甲酰胺为无色液体,可与多数有机溶剂和水以任意比例混合。化学和热稳定性好,对有机和无机化合物溶解性能较好。

N,N-二甲基甲酰胺一般含有少量的水分。在常压蒸馏时少部分发生分解,产生一氧化碳和二甲胺。系统中存在酸或碱将使分解加快。

纯化时最好用氧化钡、硫酸镁、硫酸钙、硅胶或分子筛干燥,然后用减压蒸馏收集 76 ℃(4.79 kPa)馏分。若其中含水较多,可加入 1/10 体积的苯,在常压和低于80 ℃温度下蒸去苯和水,然后用氧化钡或硫酸镁干燥,再按上述方法进行减压蒸馏。

N,N-二甲基甲酰胺中若有游离胺存在,可用 2,4-二硝基氟苯显色反应来检查。纯化后的 N,N-二甲基甲酰胺要避光保存。

12. 四氢呋喃

分子式 C$_4$H$_8$O,沸点 67 ℃,折射率(n_D^{20})1.4050,相对密度(d_4^{20})0.8892。

四氢呋喃是具有乙醚气味的无色透明液体,四氢呋喃常含有过氧化氢及少量水分。在处理四氢呋喃时应先做小量实验,已确定只有少量过氧化氢和水分,反应不至于过于猛烈时方可进行。

要制备无水四氢呋喃,通常在 1000 mL 四氢呋喃中加入 2～4 g 氢化锂铝,在隔绝潮气条件下回流以除去其中的过氧化氢和水分,然后在常压下蒸馏,收集 66 ℃ 的馏分。精制后的液体应在氮气中保存,若需较久放置,需加 0.025% 2,6-二叔丁基-4-甲基苯酚作为抗氧化剂。

四氢呋喃中的过氧化氢可用酸化的碘化钾溶液来检验。如过氧化氢很多,应另行处理为宜。

13. 二甲亚砜

分子式(CH$_3$)$_2$SO,沸点 189 ℃,折射率(n_D^{20})1.4783,相对密度(d_4^{20})1.10,熔点18.5 ℃。

二甲亚砜是无色、无臭、略带苦味的吸湿性液体。常压下在沸腾时会部分分解。市售试剂级二甲亚砜含水量大约为 1%,一般用减压蒸馏方法精制,然后用 4A 分子筛干燥;也可用氢化钙粉末搅拌 4～8 h,用减压蒸馏方法收集 71～72 ℃(2800 Pa)馏分。蒸馏时温度应不高于 90 ℃,否则二甲亚砜会发生歧化反应,生成二甲砜和二甲硫醚。

二甲亚砜和某些物质混合时可能发生爆炸,比如氢化钠、高氯酸镁或高碘酸等,使用时和储存时应特别注意。

14. 二氧六环

分子式 $C_4H_8O_2$,沸点 101.1 ℃,折射率(n_D^{20})1.4224,相对密度(d_4^{20})1.0337。

二氧六环可与水以任意比例混合。市售的二氧六环中含有少量乙二醇、缩醛和水,久储的二氧六环也可能含有过氧化物。

二氧六环的精制一般是加入 10% 质量的浓盐酸回流 3 h,同时缓慢通入氮气以除去生成的乙醛,冷至室温,加入粒状氢氧化钾至不再溶解为止。然后分去水层,用粒状氢氧化钾干燥过夜,过滤,再加金属钠丝或钠屑加热回流数小时,蒸馏,收集馏分,加金属钠丝密封保存。

15. 1,2-二氯乙烷

分子式 $C_2H_4Cl_2$,沸点 83.4 ℃,折射率(n_D^{20})1.4448,相对密度(d_4^{20})1.2531。

1,2-二氯乙烷为无色油状液体,有芳香气味。一份 1,2-二氯乙烷溶于 120 份水中;可与水形成共沸混合物,沸点 72 ℃,其中含 1,2-二氯乙烷 81.5%。它与氯仿、乙醚、乙醇等溶剂互溶。它在结晶和提取时是很有用的极性溶剂,比常用的含氯有机溶剂的活泼性要强得多。

一般可用浓硫酸、水、稀碱液、水依次洗涤,然后用无水氯化钙干燥,蒸馏即可。也可用五氧化二磷(20 g/L)加热回流 2 h,常压蒸馏,收集 83~84 ℃馏分。

16. 饱和亚硫酸氢钠溶液

将 25 mL 不含醛的无水乙醇加入 100 mL40% 亚硫酸氢钠溶液中,制成混合溶液。

混合后的溶液如有少量亚硫酸氢钠晶体析出,必须过滤以除去晶体,或倾出上层溶液。此溶液不太稳定,容易被氧化或分解。因此,不能保存太久,一般实验前配制为宜,或现配现用。

17. Tollen(托伦)试剂

在干净试管中加入 20 mL 5% 硝酸银溶液,加入 1 滴 10% 氢氧化钠溶液,然后边滴边加 2% 氨水,直至沉淀刚好消失。

Tollen 试剂有关的化学反应如下:

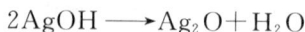

$$AgNO_3 + NaOH \longrightarrow AgOH + NaNO_3$$
$$2AgOH \longrightarrow Ag_2O + H_2O$$
$$Ag_2O + 4NH_3 + H_2O \longrightarrow 2[Ag(NH_3)_2]^+OH^-$$

注意事项:

(1) 制备 Tollen 试剂时应防止加入过量的氨水,否则,将生成雷酸银(Ag—O—N≡C)。雷酸银受热后会引起爆炸,试剂本身也将失去活性。

(2) Tollen 试剂长时间放置后会析出黑色的氮化银(Ag_3N)沉淀,它受震动时分解,发生猛烈爆炸,有时潮湿的氮化银也能引起爆炸。因此 Tollen 试剂也是现配现用,未用完的及时处理,以免发生意外。

18. Fehling(斐林)试剂

Fehling 试剂 A:将 3.5 g 五水硫酸铜晶体溶解于 100 mL 水中,如溶液混浊要过滤。

Fehling 试剂 B:将 17 g 酒石酸钾钠晶体溶解于 15~20 g 热水中,加入 20 mL 20% 氢氧化钠溶液,稀释至 100 mL。

此两种溶液分开存放,使用时取等体积 A 和 B 混匀即可。

由于氢氧化铜是沉淀,不易与样品作用,有酒石酸钾钠时氢氧化铜沉淀溶解,形成深蓝色溶液。

19. Schiff(希夫)试剂

Schiff 试剂制备方法有以下三种:

(1) 将 0.2 g 品红盐酸盐溶解于 100 mL 热水中,冷却后,加入 2 mL 浓盐酸和 2 g 亚硫酸氢钠,最后加蒸馏水稀释至 200 mL。

(2) 将 0.2 g 品红盐酸盐溶解于 100 mL 新制的冷饱和二氧化硫溶液中,放置数小时,直至溶液呈浅黄色或无色,然后用蒸馏水稀释至 200 mL,储存于玻璃瓶中,瓶口塞紧,以防二氧化碳逸散。

(3) 将 0.5 g 品红盐酸盐溶解于 100 mL 热水中,冷却后通入二氧化硫至饱和且粉红色褪去,再加活性炭 0.5 g,振荡,过滤,再用蒸馏水稀释至 500 mL。

品红溶液原系粉红色,被二氧化硫饱和后变成无色的 Schiff 试剂。醛类与 Schiff 试剂发生作用,反应液呈紫红色。

酮类通常不与 Schiff 试剂发生作用,但有些酮类(如丙酮等)能与二氧化硫作用,所以它们与 Schiff 试剂接触后能使试剂脱去亚硫酸,此时反应液就出现品红的粉红色。

20. Lucas(卢卡斯)试剂

将 34 g 熔化过的无水氯化锌溶于 23 mL 浓盐酸中,并冷却以防氯化氢逸出,约得 35 mL 溶液,放置冷却,储存于玻璃瓶中,塞紧。

21. 氯化亚铜氨溶液

将 1 g 氯化亚铜加入 1~2 mL 浓氨水和 10 mL 水,用力摇动后,静置片刻,倾出溶液,并加入一块铜片或一节细铜丝,储存备用。

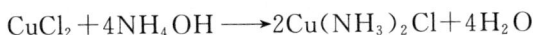
$$CuCl_2 + 4NH_4OH \longrightarrow 2Cu(NH_3)_2Cl + 4H_2O$$

Cu^+ 很容易被空气中的氧气氧化成蓝色的 Cu^{2+}。如使用时发现试剂溶液呈蓝色,可在温热的试剂中滴加 20% 盐酸羟胺($HONH_2 \cdot HCl$)溶液,至蓝色褪去后,再进行实验。羟胺是一种强还原剂,可将 Cu^{2+} 还原成 Cu^+。

$$4Cu^{2+} + 2NH_2OH \longrightarrow 4Cu^+ + N_2O + H_2O + 4H^+$$

附录 F　关于有毒化学药品的知识

1. 高毒性固体

很少量就能使人迅速中毒甚至致死。

名称	TLV/(mg/m³)	名称	TLV/(mg/m³)
三氧化锇	0.002	砷化合物	0.5(按 As 计)
汞化合物(特别是烷基汞)	0.01	五氧化二钒	0.5
铊盐	0.1(按 Tl 计)	草酸和草酸盐	1
硒和硒化合物	0.2(se 计)	无机氰化物	5(按 CN 计)

2. 毒性危险气体

名称	TLV/(μg/g)	名称	TLV/(μg/g)
氟	0.1	氟化氢	3
光气	0.1	二氧化氮	5
臭氧	0.1	硝酰氯	5
重氮甲烷	0.2	氰	10
磷化氢	0.3	氰化氢	10
三氟化硼	1	硫化氢	10
氯	1	一氧化碳	50

3. 毒性危险液体和刺激性物质

长期少量接触可能引起慢性中毒,其中许多物质的蒸气对眼睛和呼吸道有强刺激性。

名称	TLV/(μg/g)	名称	TLV/(μg/g)
羰基镍	0.001	硫酸二甲酯	1
异氰酸甲酯	0.02	硫酸二乙酯	1
丙烯醛	0.1	四溴乙烷	1
溴	0.1	烯丙醇	2
3-氯丙烯	1	2-丁烯醛	2
苯氯甲烷	1	氢氟酸	3

名称	TLV/(μg/g)	名称	TLV/(μg/g)
苯溴甲烷	1	四氯乙烷	5
三氯化硼	1	苯	10
三溴化硼	1	溴甲烷	15
2-氯乙醇	1	二硫化碳	20

4. 其他有害物质

(1) 许多溴代烷和氯代烷,以及甲烷和乙烷的多卤衍生物,特别是下列化合物:

名称	TLV/(μg/g)	名称	TLV/(μg/g)
溴仿	0.5	1,2-二溴乙烷	20
碘甲烷	5	1,2-二氯乙烷	50
四氯化碳	10	溴乙烷	200
氯仿	10	二氯甲烷	200

(2) 芳香胺和低级脂肪族胺的蒸气有毒。全部芳香胺,包括它们的烷氧基、卤素、硝基取代物都有毒性。下面是一些代表性例子:

名称	TLV	名称	TLV/(μg/g)
对苯二胺(及其异构体)	0.1 mg/m³	苯胺	5
甲氧基苯胺	0.5 mg/m³	邻甲苯胺(及其异构体)	5
对硝基苯胺(及其异构体)	1 μg/g	二甲胺	10
N-甲基苯胺	2 μg/g	乙胺	10
N,N-二甲基苯胺	5 μg/g	三乙胺	25

(3) 酚和芳香族硝基化合物

名称	TLV/(mg/m³)	名称	TLV/(μg/g)
苦味酸	0.1	硝基苯	1
二硝基苯酚、二硝基甲苯酚	0.2	苯酚	5
对硝基氯苯(及其异构体)	1	甲苯酚	5
间二硝基苯	1		

5. 致癌物质

下面列举一些已知的危险致癌物质：

（1）芳香胺及其衍生物：联苯胺（及某些衍生物）、β-萘胺、α-萘胺。

（2）N-亚硝基化合物：N-甲基-N-亚硝基苯胺、N-亚硝基二甲胺、N-甲基-N-亚硝基脲、N-亚硝基氢化吡啶。

（3）烷基化剂：双（氯甲基）醚、硫酸二甲酯、氯甲基甲醚、碘甲烷、重氮甲烷、β-羟基丙酸内酯。

（4）稠环芳烃：苯并[a]芘、二苯并[c,g]咔唑、二苯并[a,h]蒽、7,12-二甲基苯并[a]蒽。

（5）含硫化合物：硫代乙酰胺（thioacetamide）、硫脲。

（6）石棉粉尘。

6. 具有长期积累效应的毒物

这些物质进入人体不易排出，在人体内累积，引起慢性中毒。这类物质主要有：①苯；②铅化合物，特别是有机铅化合物；③汞和汞化合物，特别是二价汞盐和液态的有机汞化合物。

在使用以上各类有毒化学药品时，都应采取妥善的防护措施。避免吸入其蒸气和粉尘，不要使它们接触皮肤。有毒气体和挥发性的有毒液体必须在通风良好的通风橱中操作。汞的表面应该用水掩盖，不可直接暴露在空气中。盛汞的仪器应放在一个搪瓷盘上，以防溅出的汞流失。溅洒汞的地方迅速撒上硫黄石灰糊。

参 考 文 献

[1] 高占先,于丽梅.有机化学实验[M].5 版.北京:高等教育出版社,2016.

[2] 孙尔康,张建荣.有机化学实验[M].2 版.南京:南京大学出版社,2012.

[3] 赵温涛,马宁,王元欣,等.有机化学实验[M].北京:高等教育出版社,2016.

[4] 阴金香.基础有机化学实验[M].北京:清华大学出版社,2010.

[5] 薛思佳,季萍,Larry Olson.有机化学实验[M].2 版.北京:科学出版社,2007.

[6] 汪志勇.实用有机化学实验高级教程[M].北京:高等教育出版社,2016.

[7] 申东升.有机化学实验[M].北京:中国医药科技出版社,2014.

[8] Klaus Schwetlick.有机合成实验室手册[M].北京:化学工业出版社,2010.

[9] 丁长江.有机化学实验[M].北京:科学出版社,2006.

[10] 陈锋,王宏光.有机化学实验[M].北京:冶金工业出版社,2013.

[11] 王俊儒,刘汉兰,朱玮.有机化学学习指导:解读、解析、解答和测试[M].北京:
高等教育出版社,2013.

[12] 郗英欣,白艳红.有机化学实验[M].西安:西安交通大学出版社,2014.

[13] 曾和平.有机化学实验[M].4 版.北京:高等教育出版社,2014.